新世纪应用型高等教育软件专业系列规划教材

C++程序设计实验与实训指导

（第二版）

新世纪应用型高等教育教材编审委员会　组编

主　编　罗　烨　李秉璋

U0245227

 大连理工大学出版社

图书在版编目(CIP)数据

C++程序设计实验与实训指导 / 罗烨,李秉璋主编
. -- 2 版. -- 大连 : 大连理工大学出版社,2020.8(2023.3重印)
新世纪应用型高等教育软件专业系列规划教材
ISBN 978-7-5685-2596-1

Ⅰ. ①C… Ⅱ. ①罗… ②李… Ⅲ. ①C++语言—程序
设计—高等学校—教材 Ⅳ. ①TP312.8

中国版本图书馆 CIP 数据核字(2020)第 120611 号

大连理工大学出版社出版
地址:大连市软件园路 80 号 邮政编码:116023
发行:0411-84708842 邮购:0411-84708943 传真:0411-84701466
E-mail:dutp@dutp.cn URL:https://www.dutp.cn
大连雪莲彩印有限公司印刷   大连理工大学出版社发行

幅面尺寸:185mm×260mm   印张:9   字数:208 千字
2010 年 9 月第 1 版   2020 年 8 月第 2 版
2023 年 3 月第 2 次印刷

责任编辑:孙兴乐   责任校对:王晓彤
                  封面设计:张 莹

ISBN 978-7-5685-2596-1   定价:25.80 元

第二版前言

  本教材是与主教材《C++程序设计》(第二版)配套的实践教材。全书分为三部分以及附录:第一部分是与主教材配套的教学同步课程实验,共有23个,每个实验都精心设计了实验案例和实验内容,便于读者巩固理论知识和培养编程能力;第二部分是课程实训,可以提高读者使用面向对象方法解决实际问题的能力;第三部分是自我测试,供读者在学习完各章内容后测试对每章知识点的掌握程度;附录包括实验指导以及自我测试答案。

  本教材在保持原版教材特色的基础上,根据主教材的内容调整情况进行了修订。调整了部分课程实验的顺序,优化了课程实验、课程实训和自我测试的内容,内容更加完善,帮助读者循序渐进地掌握面向对象程序设计的方法。

  本教材内容丰富,实用性强,注重程序设计能力的培养,可以作为应用型本科院校"C++程序设计"课程的实验和课程设计指导书,也可供编程爱好者和编程技术人员参考使用,为学习"C++程序设计"的读者提供上机实验指导和自我测试练习题。

  本教材由江苏理工学院罗烨、李秉璋任主编。具体编写分工如下:第一部分的实验一至实验十、第二、第三部分以及附录由罗烨编写,第一部分的实验十一至实验二十三由李秉璋编写。全书由罗烨统稿并定稿。

新世纪

在编写本教材的过程中,编者参考、引用和改编了国内外出版物中的相关资料以及网络资源,在此表示深深的谢意!相关著作权人看到本教材后,请与出版社联系,出版社将按照相关法律的规定支付稿酬。

限于水平,书中仍有疏漏和不妥之处,敬请专家和读者批评指正,以使教材日臻完善。

编　者

2020 年 8 月

所有意见和建议请发往:dutpbk@163.com

欢迎访问高教数字化服务平台:https://www.dutp.cn/hep/

联系电话:0411-84708462　84708445

第一版前言

程序设计是实践性很强的课程,它有助于培养解决问题的能力和发展创造性思维。程序设计实验教学是用实验的方法学习与研究程序设计方法与技术,以及理解程序设计语言的各种成分机制。程序设计实验教学的一个显著特点是它的实践性。这里所指的实践性有三层意思:一是动手能力的培养和锻炼,单凭读书是学不会程序设计的;二是思维和判断能力的培养和锻炼;三是良好编程习惯的培养和锻炼。编写本教材作为《C++程序设计》配套的实验教材,目的是让学生从看懂教科书,尽快过渡到具备基本的程序设计能力,在实践过程中获得成功的乐趣,培养其继续学习C++语言的兴趣。

本教材第 1 部分为课程实验,以C++语言的国际标准ISO/IEC14882-1998 为依据,引导学生由浅入深地进行结构化程序设计、面向对象程序设计的上机训练。其中,前十个实验为面向过程的结构化程序设计的训练,可以帮助学生提高结构化程序设计的能力;后十三个实验为面向对象程序设计的训练,使学生初步具备面向对象编程的能力。每个实验都有实验案例和实验内容,其中加"＊"的是提高部分,供参考。实验案例给出了求解问题的算法分析或编程思路,同时给出了源代码,目的是使初学者在模仿中学习和掌握解决某一类问题的程序设计的思维方法;实验内容则需要自行编程,从而充分发挥学生的潜能和积累编程的经验。按照先模仿编程然后自主编程的学习方法,既能克服初学者对程序设计无从下手的畏难情绪,也能拓展其自我发挥的空间,有利于学生创新能力的培养。实验内容有难易层次之分,教师可根据需要挑选课内实验的题目,其余可以建议学生课外完成。

考虑到课内实验的学时有限,实验的难度、综合性受到一定的限制。因此本教材第 2 部分安排课程实训的内容,可以安排在课程结束后进行。综合性的、结合实际的程序设计训练,能够让学生围绕要解决的问题,进行分析和研究,查阅、自学相关的文献资料,确定技术路线和实施方案。课程

新世纪

实训属于研究型、创新型、自主型学习,是真正掌握程序设计的思想和方法,运用语言解决实际问题的不可或缺的环节。

本教材第3部分为自我测试,按主教材的编排顺序,安排了C++语言的主要知识点题目,题型有4种,供学生进行自我测试。这部分内容的目的是培养初学者程序设计的基本功,通过自我测试训练,检验学生对C++语言基本概念、知识点和程序设计技术的掌握情况。

本教材在实验内容设置上由易到难,适合因材施教,分层培养。从课程内单个实验,过渡到综合性课程设计,以点到面,逐步训练,提高学生的能力。强调算法的重要性,一些实验案例给出不同的算法实现。本科阶段C++教材中讲授的大部分知识点在本教材中都给出了实验案例,使学生能从程序设计技术的角度详细地体会面向对象程序设计语言(C++)的机制,对程序设计的思想方法和技术有较为全面、正确的理解,学会设计合适的算法,掌握面向对象程序设计的方法。本教材在突出程序设计的思想方法和技术以及程序设计语言知识要点的同时,强调良好的编程风格,避免常犯、易犯的错误,提高学生的程序设计素养。

本教材由长期从事面向对象程序设计语言教学的教师在多年讲课的基础上,结合课程教学改革、精品课程建设要求编写而成。本教材由罗烨、李秉璋任主编,具体编写分工为:面向过程部分由罗烨编写,面向对象部分由李秉璋编写,全书由罗烨统稿。

在本教材编写过程中,江苏技术师范学院潘瑜、吴访升、叶飞跃、白凤娥等教授从应用型人才培养规格、人才能力结构方面提出了许多建设性意见,许多同事也提出了宝贵意见,值此教材出版之际,一并向他们表示衷心感谢。

由于作者水平所限,书中难免存在错误与不足之处,诚盼读者对本教材提出宝贵意见和建议,以便下次修订时改进。

编　者

2010 年 9 月

所有意见和建议请发往:dutpbk@163.com

欢迎访问高教数字化服务平台:https://www.dutp.cn/hep/

联系电话:0411-84708462　84708445

目 录

第一部分

实验一 C++集成开发环境入门

一、实验目的

1. 学习用 Visual Studio 2010 以上版本开发控制台应用程序。
2. 初步掌握调试程序的方法。

二、实验案例

从键盘输入矩形的长和宽，输出矩形的面积。

源程序如下：

```cpp
//ex1_1.cpp
//求矩形的面积
#include <iostream>
using namespace std;
int main()
{
    int length,width,area;              //定义变量
    cout<<"输入矩形的长和宽:\n";        //显示提示
    cin>>length>>width;                 //从键盘上输入变量 length,width 的值
    if(length<0||width<0)               //如果输入的值是负数,提示输入错误
        cout<<"输入数值不能小于 0"<<endl;
    else
    {
        area=length * width;            //求矩形面积
        cout<<"矩形面积为:"<<area<<endl;   //输出矩形面积
    }
    return 0;
}
```

下面使用 Visual Studio 2017 来编辑、编译并运行该程序。

实验步骤：

1. 启动 Visual Studio 2017

选择【开始】菜单中的【Visual Studio 2017】。如果在桌面上有 Visual Studio 2017 的

快捷方式,双击该图标可以直接进入集成开发环境。

2. 创建一个控制台应用程序项目

(1)在 Visual Studio 2017 集成开发环境的窗口中,选择【文件】|【新建项目】菜单,弹出"新建项目"对话框。

(2)选择【已安装】|【Visual C++】|【Windows 桌面】|【Windows 桌面向导】。在"名称"文本框中输入项目名 Ex1_1,在"位置"文本框中指定项目路径 E:\C++\,单击【确定】按钮,如图 1-1 所示。

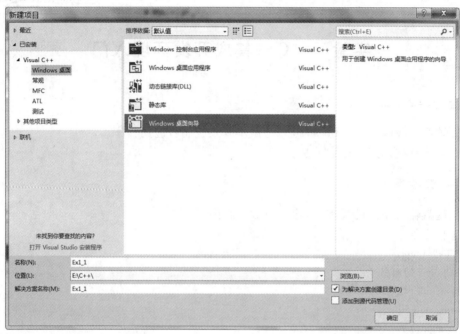

图 1-1　新建项目

(3)弹出"Windows 桌面项目"对话框,如图 1-2 所示。在"应用程序类型"中选择"控制台应用程序(.exe)","其他选项"中选择"空项目",单击【确定】按钮。此时创建了一个空的控制台应用程序项目,然后在项目中添加源文件。

图 1-2　建立 Win32 控制台应用程序项目

3. 添加并编辑源程序文件

(1)在解决方案资源管理器中选择【源文件】,单击右键弹出菜单,选择【添加】|【新建项】,如图 1-3 所示。

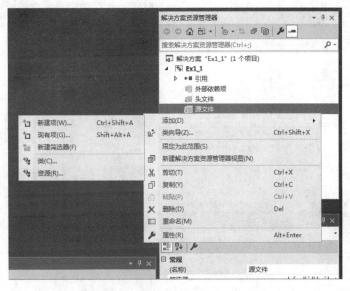

图 1-3　添加源文件

(2)弹出"添加新项"对话框,在对话框中选择"C++文件(.cpp)",在"名称"文本框中输入文件名 ex1_1.cpp,在"位置"文本框中输入指定文件路径 E:\C++\Ex1_1\Ex1_1,如图 1-4 所示。然后单击【添加】按钮,打开源文件编辑窗口。

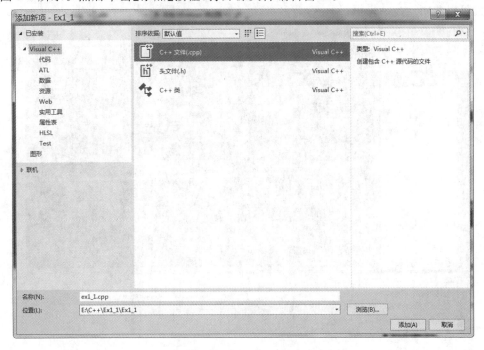

图 1-4　创建新的 C++源程序文件

（4）在文件编辑窗口中输入案例中的源程序代码，如图 1-5 所示。

图 1-5　编辑源程序文件

4.执行程序

按 Ctrl＋F5 键，或选择菜单【调试】|【开始执行（不调试）】，系统会进行编译连接，如果没有错误，生成可执行文件后直接执行，弹出运行结果窗口。在运行结果窗口中按要求输入矩形的长和宽后按 Enter 键，屏幕出现矩形面积的计算结果，如图 1-6 所示，按任意键可以关闭运行结果窗口。

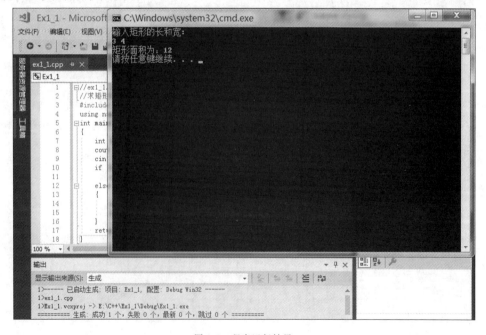

图 1-6　程序运行结果

　　若编译连接过程中出现错误，在编辑窗口下方的输出窗口会显示出错信息，需要根据出错信息修改源程序，再重新执行。例如，在文件编辑窗口中将程序第 7 行的变量名 area 删除，按 Ctrl＋F5 键执行程序，编译出错，输出窗口提示未定义标识符错误，如图 1-7 所示。对于出错信息，用鼠标双击信息提示，光标会跳转到源代码出错行，在该行检查并修改错误，若该行查不出语法错误，则检查前面的代码。一个语法错误可能引发系统给出多条错误信息，因此，发现一个错误并修改后最好重新编译一次，以便提高工作效率。

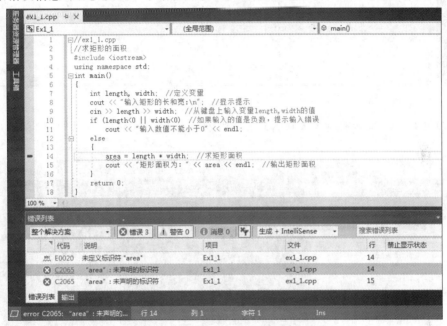

图 1-7　输出窗口显示出错信息

5. 程序的调试

　　在编译连接阶段，由编译器发现并指出的错误，称为语法错误。程序在编译时没有语法错误，生成可执行程序后，并不意味着程序是正确的，程序的运行结果也许和预期结果不一致，有时甚至出现程序突然中止的情况，这种错误是逻辑错误或运行错误。逻辑错误是程序没有完成预期的功能，也可能是程序的算法逻辑不正确。运行错误是对程序运行环境的非正常情况考虑不足使程序异常终止。这时需要仔细分析源程序，调试程序。另外还可借助调试工具，寻找错误的位置和原因，帮助排除错误。

　　例如，若在 ex1_1.cpp 中将 area＝length * width;改成 area＝length＋width;

　　运行程序，输入整数 4 和 5，发现输出结果为 9，和预期不一致。下面介绍利用调试工具，进行程序调试的过程。

　　(1)在源程序中可能出现错误的行上设置断点，方法是将鼠标移至该行行号左侧灰色处单击，出现一个红色圆点，断点设置成功，如图 1-8 所示。在断点红点处单击，则取消该断点。

　　说明:断点是程序运行时的暂停点，程序运行到断点处暂停，便于观察程序的执行流程和断点处有关变量的值。

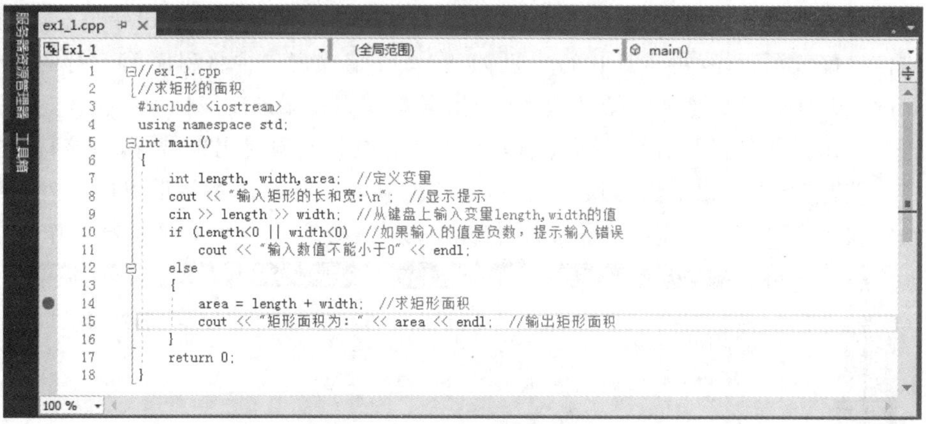

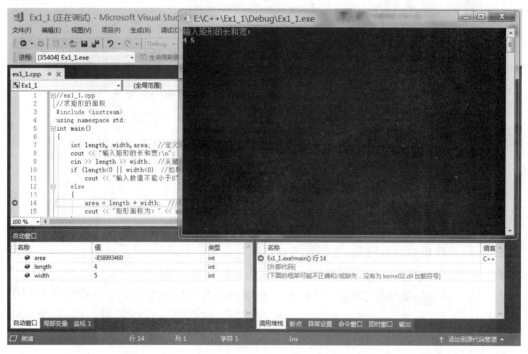

图 1-8　设置断点

（2）按 F5 键，或选择菜单【调试】|【开始调试】，程序执行到断点处停止，如图 1-9 所示。

图 1-9　程序执行到断点处

（3）按 F10 键或选择【调试】|【逐过程】菜单，也可以按 F11 键或选择【调试】|【逐语句】菜单，单步执行程序。程序调试过程中，自动窗口动态显示各变量值随程序执行而变化的结果，用鼠标放在源程序中变量名上片刻，也可看到关于变量值的提示。在监视窗口加入 area 变量，进行监视。监视窗口的每一行可显示一个变量，其中，左栏显示变量名，双击它可进行编辑；右栏显示变量值。

当程序执行到箭头所指处时，area 的值是 9，如图 1-10 所示，与预期结果不相符，说明计算有问题。分析源程序，发现计算机面积的表达式中的运算符错误。

图 1-10　程序的调试

三、实验题

1.模仿案例,编写程序输入立方体的长、宽、高,计算立方体的表面积和体积,并输出计算结果。在C++ 的集成开发环境中编辑、编译、运行、调试该程序。

2.输入下面两个整数相加的程序,针对编译时出现的问题,修改程序。

```
#include <iostream>
using namespace std;
int main()
{
    int a,b;
    cout<<"请输入 2 个整数";
    cin>>a>>b;
    cout<<"a="<<a<<",b="<<b<<endl;
    c=a+b;
    cout<<"相加后"<<"c="<<c<<endl;
}
```

实验二　数据类型、运算符与表达式

一、实验目的

1.掌握C++语言中的基本数据类型。

2.理解C++语言中常用运算符的含义、优先级和结合性。

3.掌握用运算符构造出各种表达式,并能正确使用。

4.掌握基本输入输出方法。

二、实验案例

1.已知:a＝2,b＝3,x＝3.9,y＝2.3(a、b 为整型,x、y 为浮点型),计算算术表达式 float(a＋b)/2＋(int)x％(int)y 的值。

实验步骤:

(1)在 Visual Studio 2017 中建立控制台应用程序项目 Ex2_1,添加源文件 ex2_1.cpp,打开源文件编辑窗口,输入以下源代码:

```
#include<iostream>
using namespace std;
int main()
{
    int a=2,b=3;
    float x=3.9,y=2.3;
    float result;
    result=float(a+b)/2+(int)x%(int)y;
    cout<<"result="<<result<<endl;
    return 0;
}
```

(2)按 Ctrl＋F5,执行程序,运行结果为:

result＝3.5

案例解析

程序先定义变量,并且给变量赋初值,因为表达式的结果是实型,所以定义变量 result 用来存放计算结果。将表达式的值赋值给变量 result 后,输出 result 的值。

"％"只能应用于整数,所以操作数 x、y 都进行了强制类型转换。"/"的运算对象均为整数时,进行整除运算。若将"/"运算左操作数 float(a＋b)/2 改成(a＋b)/2,则运行结果为 result＝3。

2.分析下面程序运行结果。

```
#include<iostream>
using namespace std;
int main()
{
    int x=10, y=3, z;
    z=x++;
    cout<<x++<<"\t"<<y--<<endl;
    cout<< ++x<<"\t"<< --y<<"\t"<<z<< endl;
    return 0;
}
```

运行结果为：

11　3

13　1　10

 案例解析

　　虽然前置和后置自增运算符"++"、自减运算符"--"都使变量自身增减1,但该运算符和其他运算符一起出现在表达式中,前置和后置的结果是不同的。前置是变量的值先自增(减)1,再进行其他运算;后置是先取变量原来的值进行其他运算,然后变量再自增(减)1。

　　3.输入两个整数,将它们交换后输出。

　　【解法一】　使用一个中间变量经过三次赋值实现两数交换。编写程序如下：

```cpp
#include< iostream>
using namespace std;
int main()
{
    int a, b, t;
    cout<<"Enter two integers:";
    cin>>a>>b;
    cout<<"a="<< a<<'\t'<< "b= "<< b<<endl;
    t=a;
    a=b;
    b=t;
    cout<<"a="<< a<<'\t'<< "b= "<< b<<endl;
    return 0;
}
```

　　【解法二】　采用两数相加,再用两数之和减去一个数的方法实现两数交换。编写程序如下：

```cpp
#include< iostream>
using namespace std;
int main()
{
    int a, b;
    cout<<"Enter two integers:";
    cin>>a>>b;        //假设输入 3 4
    cout<<"a="<< a<<'\t'<< "b= "<< b<<endl;
    a=a+b;            //执行该语句后 a 的值为 7
    b=a-b;            //b 的值为 7-4,即 3
    a=a-b;            //a 的值为 7-3,即 4
    cout<<"a="<< a<<'\t'<< "b= "<< b<<endl;
    return 0;
}
```

三、实验题

1.用 sizeof 运算符计算C++中 char、short、int、long、float、double 等基本数据类型所占的字节数,将计算结果以如下格式输出:

```
char        1
short       2
int         4
```

2.利用强制类型转换将一个实数的整数部分和小数部分分离,分别输出整数部分和小数部分。例如,将 3.14159 分离为整数 3 和小数 0.14159。

3.输入圆柱体的半径和高,计算圆柱体底面圆的周长和面积、圆柱体表面积、圆柱体体积。

注意输入输出形式,要求输入前应有提示性输出,正确定义变量数据类型。

实验三　分支结构程序设计

一、实验目的

1.理解程序的分支结构。
2.掌握 if 语句和 switch 语句的使用。

二、实验案例

1.输入 3 个实数,判断这 3 个数是否可以构成三角形三条边,如果能够构成三角形,求出该三角形面积。

编写程序如下:

```cpp
#include<iostream>
#include<cmath>
using namespace std;
int main()
{
    float a,b,c,s,area;
    cout<<"Input three sides of a triangle "<<endl;
    cin>>a>>b>>c;
    if((a+b)>c&&(a+c)>b&&(b+c)>a)
    {
        s=(a+b+c)/2;
        area=sqrt(s*(s-a)*(s-b)*(s-c));
        cout<<"area="<< area<<endl;
    }
    else
```

```
        cout<<"Can't constitute a triangle!"<<endl;
    return 0;
}
```

案例解析

3个数是否可以构成三角形三条边的条件为：(a+b)>c&&(a+c)>b&&(b+c)>a，即任意两边之和大于第三边。本案例用if语句判断上述表达式的值。若为真，在if分支中用海伦公式计算三角形面积；若为假，在else分支中输出不能构成三角形的信息。sqrt()是求平方根函数，头文件是cmath。

2.输入三个数，求其中最大值。

编写程序如下：

```
#include<iostream>
using namespace std;
int main()
{
    int a,b,c,max;
    cout<<"请输入三个不等整数:\n";
    cin>>a>>b>>c;
    if(a>b) max=a;          //求 a、b 较大值
    else max=b;
    if(c>max)   max=c;
    cout<<"max="<<max<<endl;
    return 0;
}
```

案例解析

第一个if语句用来比较a、b大小，将较大值赋值给max。第二个if语句表示如果c比max大，将c的值赋值给max，至此max取得a、b、c三个数中最大值。

条件运算符"？:"是C++中唯一的三目运算符。在某些情况下使用条件运算符可以简化程序代码。以上程序求最大值max可以用下列语句实现：

max=a>(b>c? b:c)? a:(b>c? b:c);

请自行修改程序，查看程序结果。

3.编制程序计算个人所得税。计算公式见表1：

表1

级数	应纳税所得额	税率%
0	不超过5000元	0
1	超过5000元至8,000元的部分	3
2	超过8,000元至17,000元的部分	10
3	超过17,000元至30,000元的部分	20

（续表）

级数	应纳税所得额	税率%
4	超过 30,000 元至 40,000 元的部分	25
5	超过 40,000 元至 60,000 元的部分	30
6	超过 60,000 元至 85,000 元的部分	35
7	超过 85,000 元的部分	45

所得税缴税的计算方法是分段计算。例如某人应纳税所得额为 9000 元。根据上表，应从表格第 2 级逐行往上累计各级缴税额。即：

$$缴税额＝(9000－8000)*0.1＋(8000－5000)*0.03＝190$$

编写程序如下：

```cpp
#include <iostream>
using namespace std;
int main()
{
    long inc;
    double r1=0.03,r2=0.1,r3=0.2,r4=0.25,r5=0.3,r6=0.35,r7=0.45;//定义各级税率
    double tax=0,s1,s2,s3,s4,s5,s6;
    s1=(8000-5000)*r1;
    s2=(17000-8000)*r2;
    s3=(30000-17000)*r3;
    s4=(40000-30000)*r4;
    s5=(60000-40000)*r5;
    s6=(85000-60000)*r6;
    cout<<"应税额=";
    cin>>inc;
    if(inc>85000)
        tax=(inc-85000)*r7+s6+s5+s4+s3+s2+s1;
    else if(inc>60000)
        tax=(inc-60000)*r6+s5+s4+s3+s2+s1;
    else if(inc>40000)
        tax=(inc-40000)*r5+s4+s3+s2+s1;
    else if(inc>30000)
        tax=(inc-30000)*r4+s3+s2+s1;
    else if(inc>17000)
        tax=(inc-17000)*r3+s2+s1;
    else if(inc>8000)
        tax=(inc-8000)*r2+s1;
    else if(inc>5000)
        tax=(inc-5000)*r1;
    cout<<"tax="<<tax<<endl;
```

```
        return 0;
    }
```

◆ **案例解析**

使用 if 语句的嵌套形式,嵌套在 else 分支中。

三、实验题

1.输入一个整数,判断是奇数还是偶数,并输出判断结果。

2.某单位为员工增加工资,增加金额取决于工龄和现工资两个因素:对于工龄大于等于 10 年的,如果现工资高于 5000,加 200 元,否则加 160 元;对于工龄小于 10 年的,如果现工资高于 3000,加 120 元,否则加 100 元。员工的工龄和现工资从键盘输入,求加工资后员工的工资。

3.输入年、月、日,求该月份共有多少天以及这一天是这一年中的第几天。用 if 语句和 switch 语句分别实现。

4.编程计算图形的面积。要求程序可计算矩形、圆形、三角形的面积,运行时先提示用户选择图形的类型,根据用户选择,如果是求矩形面积,输入长和宽的值;如果是求圆形面积,输入半径;如果是求三角形面积,输入三边长,计算出面积值并且显示。要求用 switch 语句实现。

实验四 循环结构程序设计

一、实验目的

1.理解 3 种循环语句 while、do…while、for 语句的执行流程、异同点以及它们之间相互转换的方法,并能熟练正确运用。

2.掌握与循环语句相关的 break 语句和 continue 语句的作用、执行流程及使用方法。

3.熟练掌握顺序、选择、循环 3 种结构相互结合嵌套的使用。

4.掌握枚举法、递推法和迭代法等常用算法。

二、实验案例

1.输入实数 x 和正整数 n,计算 $y = \left(1 + \dfrac{x}{2^n}\right)^{2^n}$。

编写程序如下:

```
#include<iostream>
using namespace std;
int main()
{
```

```
int n,k;
float x,y;
cin>>x>>n;
k=0;
do{                    //求 x 除以 2 的 n 次方
    x/=2；  k++；
}while(k<n);
y=1+x; k=0;
do{
    y=y*y; k++；
}while(k<n);
cout<<y<<endl;
return 0;
}
```

案例解析

首先循环 n 次，计算 $\frac{x}{2^n}$，第二次循环 n 次，计算 $\left(1+\frac{x}{2^n}\right)^{2^n}$。

2.求"水仙花数"。所谓"水仙花数"是指一个三位数，其各位数字的立方和等于该数本身。

【解法一】 采用枚举法，3 位整数是 100 至 999 范围内的整数，分别用 a、b、c 存储 3 位数的百位、十位和个位的数字，程序用三重循环求出 a、b、c 的立方和为 a*100+b*10+c 的三位数。程序如下：

```
#include<iostream>
using namespace std;
int main()
{
    int a, b, c;
    cout<<"水仙花数是各位数字的立方和等于本身的 3 位数,以下是水仙花数:"<<endl;
    for(a = 1; a <= 9; a++)           //百位数字可取 1~9
        for(b = 0; b <= 9; b++)       //十位数字可取 0~9
            for(c = 0; c <= 9; c++)   //个位数字可取 0~9
            if (a*a*a + b*b*b + c*c*c == a*100+b*10+c)
                cout<<a*100+b*10+c<<'\t';
    return 0;
}
```

【解法二】 若用变量 i 表示 3 位数，循环体将 3 位数变量 i 分解出它的百位、十位和个位共 3 个数字，然后判断这 3 个数字的立方和是否是 i，若是就输出该变量的值。程序如下：

```
#include<iostream>
```

```
using namespace std；
int main()
{
    int a，b，c，i；
    cout<<"水仙花数是各位数字的立方和等于本身的3位数，以下是水仙花数："<<endl；
    for(i = 100；i <= 999；i++)
    {
        a = i/100；           //拆分出百位数字
        b = (i%100)/10；   // 或 b = (i/10)%10，拆分出十位数字
        c = i%10；           //拆分出个位数字
        if (a * a * a + b * b * b + c * c * c == i)
            cout<<i<<'\t'；
    }
    return 0；
}
```

3. 按下列公式计算 e 的值（精度为 1e−6）：

$$e = 1 + 1/1! + 1/2! + 1/3! + \cdots + 1/n! + \cdots$$

编写程序如下：

```
#include<iostream>
using namespace std；
int main()
{
    double e，t，i；
    e = 1；
    t = 1；// 置通项变量 t 为首项值 1
    i = 1；//i 为每一项要除的数，设置初值为 1
    while (t >= 1e−6)
    {
        e += t；           //将当前项 t 的值累加到 e
        i += 1；           //下一项要除的数 i 加 1
        t /= i；           //置 t 为下一项的值
    }
    cout<<"e="<<e<<endl；
    return 0；
}
```

案例解析

按 e 的幂级数展开式计算 e 的值，这是典型的级数求和问题。通常采用逐项计算并累计的方法。计算新的项可采用递推法，即用上一轮循环计算出的项除以 i 得到，因为公式实际可以表示成 $e = 1 + 1/1! + 1/(1! * 2) + 1/(2! * 3) + \cdots + 1/[(n-1)! * n]$

$+\cdots$所以第 i 项的值是第 i$-$1 项的值再除以 i,而不需要在每次循环中再内嵌循环求 n 的阶乘,这能提高程序的效率。循环直至当前项的值小于精度要求结束。

*4.设函数 $f(x)$ 定义在区间 $[x1,x2]$ 上,$f(x)$ 连续且满足 $f(x1)\times f(x2)<0$,则用割线法求 $f(x)$ 在 $[x1,x2]$ 上的根。割线法求函数 $f(x)$ 的根有迭代公式为:$x_{k+1}=x_k$ $-\dfrac{f(x_k)\times(x_k-x_{k-1})}{f(x_k)-f(x_{k-1})}$。

求解方程 $x\lg(x)=1$ 在 $[2,3]$ 上的根的近似值,要求误差不超过 0.0001。

编写程序如下:

```cpp
#include<iostream>
#include<cmath>
using namespace std;
const int MAX=30;
int main()
{
    double x1=2,x2=3,f1,f2,temp,ep=0.0001;
    int i=0;
    f1=x1 * log10(x1)-1;
    f2=x2 * log10(x2)-1;
    if(f1 * f2>=0)              //设定的区间不能保证只有一个根
    {
        cout<<"初值错!"<<endl;
        return 0;
    }
    if(fabs(f1)>fabs(f2))       //使初始两个值 x1,x2 满足 f(x2)>f(x1)
    {
        temp=x1;x1=x2;x2=temp;
        temp=f1;f1=f2;f2=temp;
    }
    do
    {
        x1=x2-f2 * (x2-x1)/(f2-f1);     //求新近似根 x1
        temp=x1;                //交换 x1 和 x2
        x1=x2;
        b=temp;
        f1=f2;
        f2=x2 * log10(x2)-1;
        i++;
    }while(fabs(x2-x1)>=ep&&i<=max);
    if(fabs(x2-x1)<ep)
        cout<<"方程的根为:"<<x2<<"\n迭代次数为"<<i<< endl;
    else
```

```
        cout<<"迭代次数过多!"<<endl;
    return 0;
}
```

◆ 案例解析

迭代法是求方程根的常用方法,割线法的几何意义是用 $y=f(x)$ 上的两点 $(x_{k-1},$ $f(x_{k-1}))$ 与 $(x_k, f(x_k))$ 的连线和 x 轴交点作为 $f(x)=0$ 根的近似,即直线方程 $y=$ $f(x_k)+\dfrac{f(x_k)-f(x_{k-1})}{x_k-x_{k-1}}(x-x_k)$ 的根 x,记作 x_{k+1},就是方程 $f(x)=0$ 根的近似,得到迭代公式 $x_{k+1}=x_k-\dfrac{f(x_k)\times(x_k-x_{k-1})}{f(x_k)-f(x_{k-1})}$ $k=1,2\cdots$ 必须给出两个初始近似 x_0、x_1 才能逐次计算出 $x_2, x_3, \cdots$ 案例中 2、3 即为两个初始近似值,代入公式进行迭代,若相邻两个近似值差的绝对值 $\Delta x<\varepsilon$ 结束运算,否则用 $(x_k, f(x_k))$ 代替 $(x_{k-1}, f(x_{k-1}))$,用 $(x_{k+1},$ $f(x_{k+1}))$ 代替 $(x_k, f(x_k))$,继续迭代。

程序中 $x1$、$x2$ 表示相邻两个近似,$f1$ 即 $f(x1)$,$f2$ 即 $f(x2)$,用迭代公式求出下一个近似 $x1$,即原来的 $x1$、$x2$ 相当于 x_{k-1} 和 x_k,新的 $x1$ 相当于 x_{k+1},再交换 $x1$、$x2$ 的值,使 $x1$、$x2$ 相当于 x_k 和 x_{k+1},对应的 $f1$ 和 $f2$ 也相应调整,准备进行下一次迭代。如果 $|x2-x1|<\varepsilon$,即 $|x_{k+1}-x_k|<\varepsilon$,$x2$ 就是方程的近似根。

三、实验题

1. 输入一行字符,统计其中的数字字符、英文字母、空白符及其他字符的个数。

提示:用 cin. get() 函数逐个输入字符,键盘输入 Ctrl+Z 结束输入,此时函数值为 EOF。

2. 由 0~4 这 5 个数字组成 5 位数,每个数字用一次,但十位和百位不能为 3(当然万位不能为 0)。输出所有可能的 5 位数。

3. 计算 1!+2!+3!+⋯+10! 的值。

4. 求以下级数和的近似值:

$$s(x) = x - \frac{x^3}{3\times 1!} + \frac{x^5}{5\times 2!} - \frac{x^7}{7\times 3!} + \ldots = \sum_{n=1}^{\infty}(-1)^{n-1}\frac{x^{2n-1}}{(2n-1)(n-1)!}$$

令 x 的值为 0.5、1.0、2.0 和 3.0 分别计算 $s(x)$。求和的精度为 0.000001。

*5. 用迭代法求函数 $f(x)=ax^3+bx^2+cx+d$ 在 1 附近的根。

提示:牛顿迭代公式为 $x_{k+1}=x_k-\dfrac{f(x_k)}{f'(x_{k+1})}$。

实验五 函数的定义、声明和调用

一、实验目的

1. 掌握函数的定义、声明及调用方法。

2.理解形参和实参的关系以及调用时实参向形参值传递的过程。

3.理解局部变量的作用。

二、实验案例

1.求两个正整数范围之内的所有素数。

编写程序如下：

```
#include<iostream>
#include<cmath>
using namespace std;
bool prime(int m);              //函数声明
int main()
{
    int a,b,t;
    cout<<"输入两个正整数"<<endl;
    cin>>a>>b;
    if(a<0) a=-a;
    if(b<0) b=-b;
    if(a>b)
    {
        t=a;   a=b;   b=t;
    }
    cout<<"["<<a<<","<<b<<"]范围内的素数有:"<<endl;
    for(int n=a;n<=b;n++)// 穷举 a,b 间的所有数 n
        if(prime(n)) cout<<n<<'\t';   //调用函数 prime()判断 n 是否为素数
    return 0;
}
bool prime(int m)
{
    int k=(int)sqrt(m);
    for(int i=2;i<=k;i++)
        if(m%i==0) break;
    if(i>k) return true;
    else return false;
}
```

案例解析

在主函数中实现两个正整数 a、b 的输入，枚举出两数范围内的所有整数，通过调用函数 prime()判断这些正整数是否为素数。程序由主函数和 prime()函数构成，因为 prime()定义在主函数后，所以在调用之前即主函数之前要对 prime()进行函数声明。

*2.对于函数 $f(x)=x^3-x^2-1$，已知自变量 x 在区间 $[0,3]$ 上有一个实根，试用二分

法求函数 $f(x)$ 的近似根。

二分法求根的思想是,设 f(x)在区间[x_1 , x_2]上,因 f(x_1) 与 f(x_2) 不同号而有一个根,区间中点 x_0 (x_0＝(x_1＋x_2)/₂) 的函数值 f(x_0)若与 f(x_1)异号,则用 x_0 的值替代 x_2 ;若与 f(x_2)异号,则用 x_0 的值替代 x_1 ,从而使根所在区间减半,重复以上过程,直至|f(x_0)|＜ε,近似根为 x_0 。程序如下:

```
# include<iostream>
# include<cmath>
using namespace std;
double f(double x);               //函数声明
const double ep=1e-6;
int main()
{
    double x1,x2,x0,fx1,fx2,fx0;
    do{
        cout<<"输入区间 x1,x2:"<<endl;
        cin>>x1>>x2;
        fx1=f(x1);
        fx2=f(x2);
    }while(fx1 * fx2>0);
    if(fabs(fx1)<ep) cout<<x1<<"为方程根"<<endl;
    else
        if(fabs(fx2)<ep) cout<<x2<<"为方程根"<<endl;
    else
        do{
            x0=(x1+x2)/2.0; //计算中点
            fx0=f(x0); //计算中点处的函数值
            if(fx0 * fx1<0) //计算新的区间
            {       //区间中点的函数值与 x1 的函数值正负号不同
                x2=x0; //新区间为[x1,x0]
                fx2=fx0;
            }
            else{
                //区间中点的 y 坐标与 x2 点的 y 坐标在不同 y 半轴上
                x1=x0; //新区间为[x0,x2]
                fx1=fx0;
            }
        }while(fabs(fx0)>=ep);
    cout<<x0<<"为方程根"<<endl;
    return 0;
}
double f(double x)
```

```
{
    return x * x * x－x * x－1;
}
```

案例解析

主函数实现二分法求方程根的主要算法,其中计算函数值都通过调用函数 f() 实现,若要求其他方程的根,只要修改函数 f() 即可。

三、实验题

1.设计一个简单的计算器程序,如从键盘输入"3＋5",程序读入运算符和数据,调用 Calculate( ) 函数,根据运算符进行加、减、乘、除四则运算。要求能反复执行这一过程,直到用户输入"♯"符号作为运算符为止。

函数原型如下:

```
double    add(double,double);              //加
double    minus(double,double);            //减
double    multi(double,double);            //乘
double    div(double,double);              //除
double    Calculate(double, double, char); //运算符作为字符数据读入
```

2.设计一个求两个数的最大公约数和最小公倍数的通用函数,算法不限。

提示:可用枚举法,从两数中的小者开始尝试,逐步往下取值,直到找到最大公约数。也可使用辗转相除法。

3.设计一个函数将一个十进制数逆序输出。例如 1234 逆序输出为 4321。

4.设计 void draw(char c) 函数,实现输出形如以下样式的图形。

```
    A                    A
BBB                  BBB
    A                CCCCC
                     BBB
                        A
```

注意:图形是随形参值不同而变化的,中间一行显示的字符即形参的值。

实验六　函数的递归调用

一、实验目的

1.理解递归的思想,掌握递归算法的设计和递归函数的定义。
2.掌握函数递归调用的方法。

二、实验案例

1.第一个人的年龄是 10,以后每个人的年龄都比前一个人的年龄大 2 岁,用递归方

法求第 n 个人的年龄。

编写程序如下：

```cpp
#include<iostream>
using namespace std;
int age(int x);          //函数声明
int main()
{
    int num;
    cout<<"输入人数:"<<endl;
    cin>>num;
    cout<<"第"<<num<<"个人的年龄是:"<<age(num)<<endl;
    return 0;
}
int age(int n)
{
    if(n==1)
        return 10;
    else
        return 2+age(n-1);
}
```

◆ **案例解析**

用递归函数 age() 求第 n 个人的年龄，因为第 n 个人的年龄比前一个人的年龄大 2 岁，所以第 n 个人的年龄是 2 加上第 n-1 个人的年龄，即 2+ age(n-1)，由于初始条件第一个人的年龄是 10，所以递归结束条件是 n 的值为 1，函数返回 10。

2. 输入一个十进制数，将其转换为二进制数输出（如输入 7，输出 111），用递归函数实现。

编写程序如下：

```cpp
#include<iostream>
using namespace std;
void dtob(int n);
int main()
{
    int decimal;
    cout<<"decimal= ";
    cin>>decimal;
    cout<<"binary= ";
    dtob(decimal);
    return 0;
}
```

```
void dtob(int n)
{
    if(n==0) return;
    dtob(n/2);
    cout<<n%2;
}
```

◆ **案例解析**

将 n 转化成二进制数的递归算法的思想是先求 n/2 的二进制形式,然后加上最后一位 n%2 即可。该递归函数是先输出 n/2 的二进制数的每一位,再输出最后一位 n%2。

3.根据图 1-11 所示编写函数 int path(int n),用于计算从结点 1 到结点 n(n>1)共有多少条不同的路径。

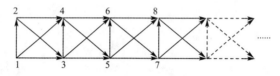

图 1-11   各结点路径

编写程序如下:

```
#include <iostream>
using namespace std;
int path(int n)
{
    if(n==1||n==2) return 1;
    if(n==3) return 2;
    if(n%2) return path(n-1)+path(n-2);          //结点编号为奇数时
    else return path(n-1)+path(n-2)+path(n-3);    //结点编号为偶数时
}
int main()
{
    cout<<path(8)<<endl;
    return 0;
}
```

◆ **案例解析**

由图可知,结点 5 的前驱结点有 3、4 两个,所以结点 1 到结点 5 的路径数应该是 path(3)+path(4),结点 6 的前驱结点有 3、4、5 三个,所以结点 1 到结点 6 的路径数应该是 path(3)+path(4)+path(5),对于图中所有 4 以上的奇数或偶数结点都有这个规律,即 n 是奇数,path(n)=path(n-1)+path(n-2),n 是偶数,path(n)=path(n-1)+path(n-2)+path(n-3)。

三、实验题

1.用递归方法实现求斐波那契数列的第 n 项。

2.使用递归方法计算 $C_n^m = C_{n-1}^m + C_{n-1}^{m-1}$。其中,当 m>n 时,$C_n^m = 0$;当 n=m 或 m=0 时,$C_n^m = 1$。

3.设计一个递归函数将一个十进制数转换为 n(n<10)进制数。

实验七　多文件结构的程序设计

一、实验目的

1.掌握变量的作用域、生存期、可见性的概念,变量的存储类型及它们之间的差别。

2.了解内联函数、重载函数、带默认参数函数的定义及使用方法。

3.掌握自定义头文件的方法以及多文件结构在程序中的使用。

4.掌握编译预处理命令,理解带参数宏定义与函数的区别。

二、实验案例

1.以重载函数形式编写若干个计算面积的函数,分别计算圆、矩形、梯形和三角形的面积,并计算边长为 1 的正方形及其内切圆、内接等腰梯形和等腰三角形的面积。要求采用多文件结构组织程序。

实验步骤:

(1)新建控制台应用程序工程 ex7_1,在解决方案资源管理器中选择【头文件】,单击右键弹出菜单,新建头文件 area.h,在文件编辑窗口中输入如下代码:

```
//area.h
#ifndef AREA_H
#define AREA_H
double area(double radius= 0);//计算圆面积函数声明,默认参数为 0
double area(double a,double b);//计算矩形面积函数声明
double area (double a,double b,double h);//计算梯形面积函数声明
double area(double a,double b,double c,int);/*计算三角形面积函数声明,第 4 个 int 型参数起
标识作用,以区别于梯形,不参加计算*/
const double PI= 3.14159;
#endif
```

(2)在解决方案资源管理器中选择【源文件】,单击右键弹出菜单,新建源文件 area.cpp,在文件编辑窗口中输入如下代码:

```
#include<cmath>
#include"area.h"
double area(double radius)    //计算圆面积函数定义,参数为半径
{
```

```
        return PI * radius * radius;
}
double area(double a,double b)    //计算矩形面积函数定义,参数为长和宽
{
        return a * b;
}
double area(double a,double b,double h)    //计算梯形面积函数定义,参数为两底和高
{
        return(0.5 * (a+b) * h);
}
double area(double a,double b,double c,int)    //计算三角形面积函数定义,参数为三边长
{
        double s=0.5 * (a+b+c);
        return sqrt(s * (s-a) * (s-b) * (s-c));
}
```

（3）在解决方案资源管理器中选择【源文件】，单击右键弹出菜单，新建源文件 ex7_1.cpp，在文件编辑窗口中输入如下代码：

```
#include<iostream>
#include<cmath>
#include"area.h"
using namespace std;
int main(){
        cout<<"点的面积为"<<area()<<endl;
        cout<<"边长为1的正方形的面积为"<<area(1,1)<<endl;
        cout<<"边长为1的正方形的内切圆面积为"<<area(0.5)<<endl;
        cout<<"边长为1的正方形的内接等腰梯形面积为"<<area(1,0.5,1)<<endl;
        cout<<"边长为1的正方形的内接等腰三角形面积为" << area(1,sqrt(1+0.5 * 0.5),
                sqrt(1+0.5 * 0.5),0)<<endl;
        return 0;
}
```

（4）可以直接执行程序。如果编译错误,对于两个.cpp 文件可以分别单独编译。

案例解析

　　源程序文件由三个文件组成,area.h 用于声明程序中的自定义函数、全局的常变量,其中条件编译命令的使用是为了防止头文件重复编译。area.cpp 文件中对在 area.h 中声明的函数进行定义,ex7_1.cpp 是主文件,在主函数中调用了重载函数 area()。

　　2.分别以宏和内联函数两种形式求某个数的绝对值,并编程调用它们。

　　编写程序如下：

```
#include <iostream>
using namespace std;
```

```
#define   ABS(x) (x)>0? (x):-(x)              //宏定义
inline int myabs(int x){return x>0 ? x :-x;}    //内联函数定义
int main(){
    int i=3,j=-4,k;
    cout<<myabs(i)<<endl;
    k=ABS(j);
    cout<<k<<endl;
    return 0;
}
```

案例解析

内联函数和宏的区别在于,宏是由预处理器对宏进行替代,在编译之前进行,不会进行参数类型检查。而内联函数是通过编译器控制实现的。编译器会对内联函数的参数类型做安全检查或自动类型转换(同普通函数),只是编译器将内联函数代码内嵌到调用处,取消了函数调用时各类参数、返回地址等的入栈出栈,因此减少了调用的开销。

3.分析并写出下列程序的执行结果,然后输入计算机执行,验证分析结果。

```
#include<iostream>
using namespace std;
int fac(int);
void facn(int);
int n=1;
int main( ){
    int s=0,i;
    for(i=1; i<=3; i++)
        s+=fac(i);
    cout<<s<<endl;
    s=0;
    for(i=1;i<=4;i++) {
        facn(i);
        s+=n;
    }
    cout<<s<<endl;
    s=0;
    int n=1;                          //A
    for(i=1;i<=5;i++) {
        n*=i;
        s+=n;
    }
    cout<<s<<endl;
    cout<<n<<endl;
    cout<< ::n<<endl;
```

```
    return 0；
}
int fac(int i){
    static int b＝1；
    b＊＝i；
    return b；
}
void facn(int i){
    n＊＝i；
}
```

程序运行结果为：

9

33

153

120

24

案例解析

函数 fac()中使用静态局部变量 b,利用静态局部变量的作用域是函数或块作用域,生存期是静态生存期,存在于整个程序运行期间。后一次对 fac()的调用,就利用了前一次对 fac()的调用来计算 b 的值,即 i＝1 时,fac(i)计算出 b 为 1;i＝2 时,fac(i) 计算出 b＝1＊2;i＝3 时,fac(i) 计算出 b＝2＊3,fac(i－1)求出 b 的值是(i－1)!,f(i)计算 b＝(i－1)! ＊i,即 i!。

函数 facn()利用了全局变量作用域是文件作用域,从定义点开始到文件结束,以及生存期是静态生存期的特性,调用 facn(i)函数,求出 n 的值就是 i!。在主函数中的第二个循环中直接把 n 的值累加给 s,实现和第一个循环一样的功能,即 1!＋2!＋3!＋…函数不像 fac()一样需要返回值,是因为全局变量 n 在所有函数中都可以访问。当然,全局变量降低了函数的通用性、可靠性、可移植性,不建议过多使用。

程序 A 行处,定义了和全局变量 n 同名的局部变量,所以主函数后续的程序对 n 的访问都是对局部变量的访问,除非在变量名前加上"::"才表示全局变量。

三、实验题

1.定义一个带参数宏,判断一个字符是否为字母字符,若是,结果为 1,否则结果为 0。要求在主函数中使用此宏,输出结果。

2.用内联函数实现上一题。

3.定义重载函数 volume,分别求立方体体积和圆柱体体积。要求用多文件结构实现。

实验八 一维数组的应用

一、实验目的

1. 掌握一维数组的定义、初始化和数组元素的引用。
2. 掌握一维数组的应用。
3. 掌握一维数组作为函数参数的方法。

二、实验案例

1. 输入一个整型数据，输出每位数字，其间用逗号分隔。例如输入整数为2345，则输出应为2,3,4,5。

编写程序如下：

```cpp
#include<iostream>
using namespace std;
const int max=100;
int main()
{
    int a[20], i, base = 10, n;
    cout<<"Enter a number! \n";
    cin>>n;
    i = 0;
    do {
        a[i++] = n % base;      // 对 n 进行分拆，各位数字自低位到高位存于数组 a
        n /= base;
    } while (n);
    for(i--; i >= 0; i--) // 自高位到低位输出
    {
        cout<<a[i];
        if(i! =0) cout<<',';
    }
    cout<<endl;
    return 0;
}
```

◆ **案例解析**

程序的主要工作是将输入的整数分拆出它的各位数字，并将分拆出来的各位数字存于数组中，然后将这些数字按自高位到低位的顺序逐位输出。要将一个整数按十进制数的要求分拆，需用一个循环，每次循环用对10取余的办法求出个位数字，每分拆出一位就将被分拆的数除以 10。循环过程直至被分拆的数为 0 结束。

2.用筛选法求 100 以内的所有素数,并将这些素数输出。

筛选法求素数问题可用数组来解决。将整数 2~100 保存在一个数组 a 中,2 为素数,将数组中所有 2 的整数倍的元素(非素数)置 0;再找下一个非 0 元素 3,将数组中所有 3 的整数倍的元素(非素数)置 0……这样经过筛选后,所有非素数全部置 0,数组中的非 0 值全为素数,筛选过程算法可描述为:

```
for(i=0;i<100;i++){
    if(a[i]==0) continue;
    将数组中所有 a[i]倍数的元素置 0;
}
```

程序如下:

```
#include<iostream>
#include<iomanip>
#include<cmath>
using namespace std;
const int N=100;
int main(){
    int a[N];
    int i,j,count;
    for(i=0;i<N;i++) a[i]=i+1;                    //用数组保存整数 1-100
    a[0]=0;                                        //1 不是素数,置 0
    for(i=1;i<N;i++){
        if(a[i]==0)   continue;                    //该数已经置 0,判断下一个数
        for( j=2*a[i]-1;j<N;j+=a[i])   a[j]=0;     //是 a[i]倍数的元素置 0
    }
    cout<<"1-" <<N<<"之间的素数:"<<endl;
    for(count=0,i=0;i<N;i++)                        //输出所有素数
        if(a[i]! =0){                               //非 0 元素即为素数
            cout<<setw(6)<<a[i];
            count++;
            if(count%10==0)   cout<<endl;          //每行输出 10 个数据
        }
    cout<<endl;
    return 0;
}
```

◆ 案例解析

程序中把 a[i]倍数的元素置 0 还可以用以下程序段:

```
for( j=i+1;j<N;j++)
    if(a[j]! =0&& a[j]%a[i]==0) a[j]=0;
```

3.将一维数组 a 中互不相同的数存于一维数组 b 中。

编写程序如下:

```cpp
#include<iostream>
using namespace std;
const int max=100;
int main()
{
    int k,i,j,n,a[max],b[max];
    cout<<"Enter n(<100).\n";
    cin>>n;
    cout<<"Enter a[0] —— a["<<n<<"]:\n";
    for(i=0;i<n;i++)
        cin>>a[i];
    for(k=i=0;i<n;i++)
    {
        for(b[k]=a[i],j=0;b[j] ! = a[i];j++)      // 当某个 b[j] 等于 a[i] 时,结束寻找循环
            ;                                      //循环体为空语句
        if (j == k)
            k++;                                   //未找到时,k 增 1
    }
    for(j=0;j<k;j++)                               // 输出 b[0] 至 b[k-1]
        cout<<b[j]<<' ';
    cout<<endl;
    return 0;
}
```

◆ 案例解析

　　为将一维数组 a 中互不相同的数存于一维数组 b 中,需用一个循环顺序访问 a 中元素,对当前正在访问的元素,到 b 中检查它是否已存在。如当前元素不在 b 中,将它存于 b,随之 b 中元素增加一个;否则就不将它存入,b 中元素也不增加。设 a 中元素有 n 个,b 中元素有 k 个,k 的初值为 0。设 a 的当前正在访问的元素为 a[i],为在 b[0] 至 b[k-1] 中寻找 a[i],需要一个循环顺序访问 b[0] 至 b[k-1]。当某个 b[j] 等于 a[i] 时,结束寻找循环;当 b 中还没有 a[i] 时,寻找循环直至访问了 b[k-1] 之后结束寻找循环。代码描述如下:

```cpp
for(k=i=0;i<n;i++)     {
  for(j=0;j<k;j++)
    if (b[j] == a[i])
        break;                  // 当某个 b[j] 等于 a[i] 时,就提前结束寻找循环
    if (j == k)
        b[k++] = a[i];  // 未找到时,将 a[i] 存于 b[k],且 k 增 1
}
```

因未找到时,需将 a[i] 存于 b[k] 中,如在寻找之前先将 a[i] 存于 b[k],若在 b[0]
至 b[k−1] 中没有 a[i] 时,则 k 增 1,否则 k 不增 1。这样,在寻找循环中,就不必判断
j<k 的条件,循环条件改为 b[j]!= a[i]。最多至 j 等于 k 时,因 b[k] 和 a[i] 相等,结束
寻找循环。因此上述代码可简化为案例程序中的代码。

* 4. 将一维数组 a 中互不相同的数按从小到大顺序重新存于一维数组 a 中。

编写程序如下:

```cpp
#include<iostream>
using namespace std;
const int max=100;
int main( )
{
    int a[max],k,i,j,n,low,high,mid,t;
    cout<<"Enter n(<100).\n";
    cin>>n;
    cout<<"Enter a[0] —— a["<<n<<"]:\n";
    for(i=0;i<n;i++)
        cin>>a[i];
    // k 设初值为 1,即 a[0] 是已排序的
    for(k=i=1;i<n;i++)   //在 a[0] 至 a[k−1] 范围内寻找 a[i],采用二分法寻找
    {
        low = 0;
        high = k−1;
        while (low <= high)
        {
            mid = (low+high)/2;
            if (a[mid] >= a[i]) high = mid−1;
            else  low = mid+1;
        }
        /* 上述寻找循环结束后,满足下述两个条件之一时,a[i] 是一个新的不同元素,且插入
           点为 a[low]
           (1) a[k−1] < a[i] 或 low >= k
           (2) a[low] != a[i]        */
        if (low >= k || a[low] ! = a[i])
        { // a[low] 至 a[k−1] 后移一个位置,然后将 a[i] 插入,并让 k 增 1
            t= a[i];
            for(j=k−1;j>=low;j——)
                a[j+1] = a[j];
            a[low] = t;
            k++;
        }
    }
```

```
    for(j=0;j<k;j++) // 输出结果
        cout<<a[j]<<' ';
    cout<<endl;
    return 0;
}
```

案例解析

　　顺序访问 a 中的元素,设当前正在访问的元素为 a[i],将数组分成有序和无序两部分,a[0] 至 a[k-1] 已是从小到大排列的互不相同元素,后面 a[i] 到 a[n-1] 是未排序的。在 a[0] 至 a[k-1] 中寻找插入 a[i] 的位置,如果 a[i] 是一个新的不同元素就插入之;否则忽略该元素。由于在已排序的数表中找插入位置,可采用二分法查找。k 和 i 从 1 开始,每插入一个数 k 增 1。

三、实验题

　　1.定义函数 double average(double p[], int size),函数 average 计算数组元素的平均值。在主函数中定义数组 double a[10],b[20],初始化或输入数组元素的值,调用函数求数组平均值。

　　2.使用递归和非递归两种方法编写函数 itoa0 (int n,char s[], int b),将整数 n 转换为以 b 为基的数字字符数组。

　　*3.将案例 4 用其他方法实现。

　　提示:可以先将数组 a 排序,再将不同元素存入数组 b。

　　*4.用插入排序法对一组整数排序

　　插入排序是常用的排序方法之一,其基本思想是:每一轮将无序数列的第一个元素与前面有序数列的元素逐个比较,并将该元素插入到合适位置上。初始状态已排序列为 a[0],无序数列为 a[1]~a[n-1]。第 i 轮(1≤i≤n-1)排序是把待插入元素 a[i] 逐个和 a[i-1]…a[0] 比较,找出 a[i] 应该插入的位置插入。图 1-12 是 5 个数的插入排序过程。请根据示意图设计插入排序函数,并用于整型数组排序。

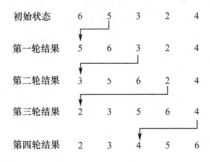

图 1-12　插入排序过程示意图

实验九   二维数组的应用

一、实验目的

1.掌握二维数组的定义、初始化和数组元素的引用。
2.掌握二维数组的应用。
3.掌握多维数组作为函数参数的方法。

二、实验案例

1.一个班 50 名学生,每名学生有语文、数学、英语三科成绩,试编一个程序,输入 50 名学生的三科成绩,计算并输出每科成绩的平均分。

编写程序如下:

```
#include<iostream>
using namespace std;
const int N=50;
const int M=3;
int main( )
{
    int score[N][M], i, j;
    double a[M];
    cout>>"Enter scores! \n";
    for(i = 0; i < N; i++)              //输入 50 名学生的三科成绩
        for(j = 0; j < M; j++)
            cin>>score[i][j];          //输入第 i 名学生的第 j 门课成绩
    for(j = 0; j < M; j++)
        a[j] = 0;
    for(j = 0; j < M; j++){
        for(i = 0; i < N; i++)
            a[j] += score[i][j];       //求每科的总成绩
        a[j] /= N;                     //求每科的平均成绩
    }
    for(j = 0; j < M; j++)
        cout<<"课程"<<j+1<<"的平均分是" <<a[j]<<endl;
    return 0;
}
```

案例解析

程序定义一个 50 行 3 列的二维数组,用于存储全班学生的成绩。程序使用双重嵌套循环,顺序输入各个学生的三科成绩,然后按列的顺序,累计各科总分,并计算平均分。

2.下列程序定义了 N＊N 的二维数组,并在主函数中赋值。请编写函数 fun,函数的功能是:求出数组周边元素的平均值并作为函数值返回主函数。例如:若 a 数组中的值为:

$$a = \begin{vmatrix} 0 & 1 & 2 & 7 & 9 \\ 1 & 9 & 7 & 4 & 5 \\ 2 & 3 & 8 & 3 & 1 \\ 4 & 5 & 6 & 8 & 2 \\ 5 & 9 & 1 & 4 & 1 \end{vmatrix}$$,函数 fun 返回值应为 3.375。

实验步骤:

首先定义主函数,定义 N 行 N 列的二维数组 a 并且用矩阵中的元素值对数组 a 初始化,声明函数 double fun(int [][N])并在主函数中调用,编写程序如下:

```cpp
#include<iostream>
#include<iomanip>
using namespace std;
const int N=5;
double fun(int [][N]);
int main( )
{
    int a[N][N]={0,1,2,7,9,1,9,7,4,5,2,3,8,3,1,4,5,6,8,2,5,9,1,4,1};
    int i,j;
    double s;
    cout<<" * * * * * The array * * * * *\n";
    for(i=0;i<N;i++)
    {
        for(j=0;j<N;j++)
        {
            cout<<setw(4)<<a[i][j];
        }
        cout<<endl;
    }
    s=fun(a);
    cout<<" * * * * * THE RESULT * * * * *\n";
    cout<<s<<endl;
    return 0;
}
```

然后定义函数 double fun(int b[][N]),实现求数组周边元素的平均值,数组周边元素的特点是行下标为 0、N－1 的所有元素,列下标为 0、N－1 的所有元素,函数定义如下:

```cpp
double fun(int b[][N]){
    double s=0;
```

```
    int i,j,count=0;
    for(i=0;i<N;i++)
        for(j=0;j<N;j++)
        {
            if(i!=0&&i!=N-1)
                if(j!=0&&j!=N-1)
                    continue;
            s+=b[i][j];
            count++;
        }
    s/=count;
    return s;
}
```

案例解析

函数 fun()用二维数组 a、b 作为函数参数,形参数组定义的时候可以缺省第一维的大小,但不能省略第二维的大小,多维数组作为函数参数也是如此。

主函数中调用函数 fun(a),数组名 a 作为实参,传递的是数组地址,形参数组 b 与实参数组 a 是同一个数组。用双重循环来累加数组周边所有元素,当行下标不是 0 和 N−1 的时候,要排除列下标不是 0 和 N−1 的数组非周边元素,程序中用 continue 跳过这些元素,count 用来计数,s 累加一个周边元素 count 就加 1。

3.编写程序,实现矩阵的转置(即行列互换)。

编写程序如下:

```
#include<iostream>
#include<iomanip>
using namespace std;
const int M=3;
const int N=5;
void transpose(int [][N],int [][M],int,int);
int main( ){
    int a[M][N],b[N][M];
    int i,j;
    cout<<"Enter the array \n";
    for(i=0;i<M;i++) {
        for(j=0;j<N;j++){
            cin>>a[i][j];
            cout<<setw(4)<<a[i][j];
        }
        cout<<endl;
    }
```

```
        transpose(a,b,M,N);
        cout<<"* * * * * THE RESULT * * * * *\n";
        for(i=0;i<N;i++)
        {
            for(j=0;j<M;j++)
                cout<<setw(4)<<b[i][j];
            cout<<endl;
        }
        return 0;
    }
    void transpose(int a[][N],int b[][M],int m,int n){
        int i,j;
        for(i=0;i<m;i++)             //或者for(i=0;i<n;i++)
            for(j=0;j<n;j++)         //       for(j=0;j<m;j++)
                b[j][i]=a[i][j];     //           b[i][j]=a[j][i];
    }
```

案例解析

主函数中定义二维数组 a 存储原矩阵,数组 b 存储转置后的矩阵,函数 transpose() 实现矩阵转置功能,转置矩阵和原矩阵的关系是:b 中第 i 行第 j 列的元素是 a 中第 j 行第 i 列的元素。

三、实验题

1. 设有 4 * 4 的矩阵,其中的元素由键盘输入。求出:(1)主对角线上元素之和;(2)副对角线上元素之积;(3)矩阵中最大的元素。

提示:主对角线元素行、列下标相同;副对角线元素行、列下标之和等于矩阵的最大行号(或最大列号)下标。

2. 下列程序定义了 N * N 的二维数组,并在主函数中赋值。请编写函数 fun(int a[][N], int m),该函数的功能是:使数组右上半三角元素中的值乘以 m。例如:若 m 的值为 2,a

数组中的值为:$a=\begin{vmatrix}1&9&7\\2&3&8\\4&5&6\end{vmatrix}$,返回主函数后 a 数组中的值应为:$\begin{vmatrix}2&18&14\\2&6&16\\4&5&12\end{vmatrix}$。

*3. 对二维数组 a[5][5] 的 25 个元素按下表填入 25 个数,实现螺旋矩阵。

1	2	3	4	5
16	17	18	19	6
15	24	25	20	7
14	23	22	21	8
13	12	11	10	9

实验十　指针的应用

一、实验目的

1.理解指针的含义、作用,掌握各类指针的定义方法和使用。
2.理解指针与数组的关系,掌握使用指针访问数组的方法。
3.掌握指针作为函数参数的定义及调用方法。
4.掌握动态内存分配中指针的使用。
5.掌握 C 风格的字符串。

二、实验案例

1.请编写一个函数 fun,它的功能是:将一个数字字符串转换为一个整数。
编写程序如下:

```cpp
# include<iostream>
# include<cstring>
using namespace std;
int fun(char * s);
int main()
{
    char str[6];
    int n;
    cout<<"输入数字字符串\n";
    cin>>str;
    n=fun(str);
    cout<<"n="<<n<<endl;
    return 0 ;
}
int fun(char * s)
{
    int a=0;
    while( * s)
    {
        a=a*10+ * s-'0';
        s++;
    }
    return a;
}
```

◆ **案例解析**

本案例中将字符指针作为函数参数,调用函数时将字符串首地址 str 传递给 s 后,s

指向第一个字符,字符 * s 减去 48(字符'0')变成整数后作为整数 a 的个位数字,s++指向下个字符,重复这个过程,将原来的 a 乘以 10 加上 * s-'0',直到 s 指向串结束符'\0'为止。

2.请编写一个函数,它的功能是:将一个 N * N 的整型矩阵转置,要求用指向一维数组的指针作为函数参数。

编写程序如下:

```cpp
#include <iostream>
#include <iomanip>
using namespace std;
const int N=4;
void convert(int (*)[N],int);
int main()
{
    int a[N][N],i,j;
    cout<<"输入"<<N<<' * '<<N<<"矩阵:"<<endl;
    for(i=0;i<N;i++)
        for(j=0;j<N;j++)
            cin>>a[i][j];
    convert(a,N);
    cout<<"转置矩阵:"<<endl;
    for(i=0;i<N;i++)
    {
        for(j=0;j<N;j++)
            cout<<setw(5)<<a[i][j];
        cout<<endl;
    }
    return 0;
}
void convert(int (*p)[N],int n)
{
    int i,j,t;
    for(i=0;i<n;i++)
        for(j=0;j<i;j++)
        {
            t= *(*(p+i)+j);              //t=p[i][j]
            *(*(p+i)+j)= *(*(p+j)+i);    //p[i][j]=p[j][i];
            *(*(p+j)+i)=t;               //p[j][i]=t;
        }
}
```

案例解析

在实验九的案例 3 中,介绍了矩阵转置的方法,本案例是方阵,转置后的矩阵仍然存入原二维数组,方法是将方阵主对角线下三角元素与上三角对应元素互换,即第 i 行第 j 列元素与第 j 行第 i 列元素互换。convert()函数的形参是指向一维数组的指针 p,函数调用时 p 的值为数组 a 的地址,可以用 p[i][j]或 *(*(p+i)+j)表示数组元素。

*3. 当函数的返回值为指针时,该函数就称为指针型函数。本案例将十进制数转化为二进制数(字符串形式),用指针型函数 char * fact(long i, char * p)实现。

编写程序如下:

```cpp
#include <iostream>
#include <iomanip>
using namespace std;
char *  fact(long i,char * p)
{
    if (i<=1)
    {
        *(--p)=i+48;
        return p;
    }
    else
    {
        *(--p)=i%2+48;
        return fact(i/2,p);
    }
}
int main()
{
    long deci;
    char binary[100], * bp;
    binary[99]='\0';
    bp=&binary[99];
    cout<<("decimal(0 to 2147483647) = ");
    cin>>deci;
    bp=fact(deci,bp);
    cout<<endl<<"binary = "<<bp<<endl;
    return 0;
}
```

◆ 案例解析

在实验六的案例 2 中,介绍了十进制转化成二进制数的递归算法,本案例用字符数组来存放二进制数,主函数中指针 bp 先指向 binary 数组的最后一个元素即'\0',然后调用递归函数 fact(),整数 deci 和指针 bp 作为实参传递给函数的形参 i 和 p。函数中语句"*(--p)=i%2+48;"使指针 p 往前移指向前一个元素,并在该元素中存放当前的余数 i%2(加 48 是转换成数字字符),再递归调用,对整数 i/2 继续转化,直到最后 i 是 1 为止。此时数组中存放的字符就是最高位,指针 p 也指向二进制数字字符串中的最高位,结束递归调用,逐层回归,指针返回的就是二进制数字字符串中最高位字符的地址。程序运行时数组中字符存放情况如图 1-13 所示。

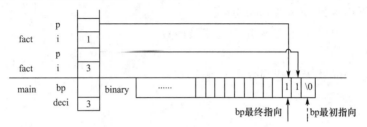

图 1-13　数组中字符存放情况

三、实验题

1.使用指针将两个有序一维数组合并成一个有序一维数组。

2.有 5 个学生,4 门课程,编写函数实现:找出有不及格课程的学生,输出他们的序号和全部课程成绩及平均成绩。要求函数参数使用指向一维数组的指针。

3.编写函数,统计一个句子中英文单词的个数,单词用空格间隔。主函数中输入英文句子,调用该函数,输出单词个数。

4.主函数中输入 10 个字符串,用另一函数对字符串进行排序,在主函数中输出排好序的字符串。

提示:主函数中定义二维数组存放多个字符串,可以用指向一维数组的指针或指针数组处理字符串排序。

实验十一　类与对象

一、实验目的

1.理解面向对象程序设计的思想。
2.掌握类的定义方法、类成员的访问控制方式。
3.理解类的构造函数、析构函数的作用、执行过程。
4.掌握构造函数与析构函数的定义方法。

二、实验案例

1.定义一个时间类 Time,包含 3 个整型私有成员,分别表示时、分、秒,范围为 0~23 及 0~59。定义两个重载的构造函数,其中一个为默认的构造函数,初始化 3 个参数为 0,另一个构造函数具有参数合法性检查功能。

2.增加 ShowTime 函数,以"hh:mm:ss"格式显示时间。增加 SetTime 函数,用来调整时分秒,同时要检查参数的合法性。

3.再增加重载函数 ShowTime,以"hh:mm:ss AM"或"hh:mm:ss PM"格式显示时间。

4.定义析构函数,显示"GoodBye!"。

5.在主函数中建立对象,调用上述成员函数。

实验步骤:

(1)定义 Time 类及构造函数

```
#include<iostream>
using namespace std;
class Time{          //时间类的定义
public:              //外部接口,公有成员函数
    Time();          //默认构造函数
    Time(int NewH, int NewM, int NewS);   //构造函数
private:
    int Hour,Minute,Second;
};
Time::Time(){ Hour=Minute= Second=0;}
Time::Time(int NewH, int NewM, int NewS){
    Hour= NewH<0 || NewH >23 ? 0:NewH ;
    Minute= NewM<0 || NewM>59 ? 0:NewM;
    Second= NewS<0 || NewS>59 ? 0:NewS;
}
```

(2)增加 ShowTime 函数和 SetTime 函数

在 Time 类定义中增加函数声明:

```
void ShowTime();
void SetTime(int, int, int);
```

在类外定义函数:

```
void Time::ShowTime(){
    cout<<Hour<<":"<< Minute <<":"<< Second<<endl;
}
void Time::SetTime(int NewH, int NewM, int NewS){
    Hour= NewH<0 || NewH > 23 ? 0:NewH ;
    Minute= NewM<0 || NewM> 59 ? 0:NewM;
    Second= NewS<0 || NewS> 59 ? 0:NewS;
}
```

有了 SetTime 函数后,构造函数就可以简化成:

```
Time::Time(int NewH, int NewM, int NewS){
    SetTime(NewH, NewM, NewS);
}
```

Time::Time(){SetTime(0,0,0);}

（3）重载函数 ShowTime

在 Time 定义中增加函数声明：

void ShowTime(int i); // 参数 i 本身无意义,仅作为重载函数的区别标志

void Time::ShowTime(int i){

    cout<<(Hour>12 ? Hour-12：Hour)<<"："<< Minute <<"："<< Second;

    cout<<(Hour>12 ? " PM"：" AM")<<endl;

}

（4）定义析构函数,显示"GoodBye!"

析构函数相对简单,定义成内联函数形式。

~Time(){cout<<"GoodBye!"<<endl;}

完整的类定义如下：

```cpp
# include<iostream>
using namespace std;
class Time{                                    //时间类的定义
public：                                        //外部接口,公有成员函数
    Time();                                    //默认构造函数
    Time(int NewH, int NewM, int NewS);        //构造函数
    void ShowTime();
    void ShowTime(int i);
    void SetTime(int, int, int);
    ~Time(){cout<<"GoodBye!"<<endl;}
private：                                       //私有数据成员
    int Hour,Minute,Second;
};
//成员函数类外定义略
```

（5）在主函数中创建对象,调用上述成员函数

```cpp
int main(){
    Time myTime;                              //定义对象 myTime,调用构造函数
    cout<<"First time set and output："<<endl;
    myTime. ShowTime();                       //显示时间默认时间
    cout<<"Second time set and output："<<endl;
    myTime. SetTime(8,30,30);                 //设置时间为 8：30：30
    myTime. ShowTime();                       //显示时间
    myTime. SetTime(20,29,36);                //设置时间为 20：29：36
    Time yourTime= myTime;                    //定义对象 yourTime
    myTime. ShowTime(1);                      //以 12 小时格式显示时间
    yourTime. ShowTime();                     //显示时间
    return 0;
}
```

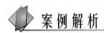 **案例解析**

类中的私有成员在类外不可访问，必须通过公有接口，例如 ShowTime 等。成员函数也可以重载，例如本例中的 ShowTime 函数。构造函数在建立对象时由系统调用，用户在程序中不能调用构造函数，但构造函数可以调用其他成员函数。例如本案例中构造函数调用 SetTime 函数。

三、实验题

1. 参照实验案例，定义 Date 日期类。其数据成员包括年、月、日。定义构造函数、析构函数。构造函数要对初始化数据进行合法性检查（年份 4 位数，月份 1—12，日期根据年份、月份判断其合法范围）。其他成员函数包括调整日期和显示日期函数。

2. 在第 1 题基础上，为 Date 类定义日期增减函数 Add(int)，Reduce(int)，其中参数为增减的天数。

3. 定义矩形类 Rectangle，该类有 length、width、area 三个数据成员，保存矩形的长、宽和面积。定义矩形类的构造函数、析构函数，在构造函数中计算面积。其他成员函数包括调整矩形长宽和显示矩形数据成员值的函数。在主函数中建立 Rectangle 对象加以验证。

4. 建立一个分数类 Fraction。数据成员有 nume(分子)和 deno(分母)。成员函数包括构造函数、析构函数。构造函数要对参数进行必要的合法性检查（分母不能为 0）。其他成员函数包括 Add(分数加)、Sub(分数减)、Mul(分数乘)、Div(分数除)、Isequal(是否相等)、greater(是否大于)、Redu(约分)、Disp(显示)等。显示函数以"nume/deno"形式显示分数。完成所有成员函数的定义并在主函数中进行检验。

实验十二　类的复制构造函数

一、实验目的

1. 理解引用的概念和用途，掌握引用作为函数参数的方法。
2. 理解复制构造函数作用、执行过程，掌握复制构造函数的定义方法与 3 种调用情况。

二、实验案例

1. 使用引用作为函数的参数、返回值

```
#include<iostream>
using namespace std;
int maxdata1(int a[],int n){
    int t=0;
    for(int i=0;i<n;i++)
```

```
        t=a[i]>a[t]? i:t;
        return a[t]+0;                //A
    }
    int& maxdata2(int a[],int n){
        int t=0;
        for(int i=0;i<n;i++)
            t=a[i]>a[t]? i:t;
        return a[t];                 //B
    }
    int main(){
        int a[10]={1,2,3,4,5,6,7,8,9,10};
        int m1=maxdata1(a,10);
        int &m2=maxdata2(a,10);      //C
        cout<<"m1="<<m1<<endl;
        cout<<"m2="<<m2<<endl;
        m2+=10;// D
        for(int i=0;i<10;i++)
            cout<<a[i]<<' ';
        cout<<endl;
        maxdata2(a,10)-=100;//E
        for(int i=0;i<10;i++)
            cout<<a[i]<<' ';
        cout<<endl;
        return 0;
    }
```

程序的运行结果为：

m1=10

m2=10

1 2 3 4 5 6 7 8 9 20

1 2 3 4 5 6 7 8 9 −80

案例解析

函数返回类型是引用时，只能返回变量，不能返回表达式。因此，如果 B 行也改成 A 行形式，则是错误的。

函数返回类型是引用时，返回的必须是在主调函数中仍然有效的变量，不能是函数内定义的局部变量，C 行程序 maxdata2( )返回的是数组元素 a[t]的引用。引用可以看成是变量的别名，对引用的访问就是对变量本身的访问，所以 m2 是 a[9]的引用。因此 D 行的 m2+=10，即是 a[9]+=10,a[9]的值为 20。

函数返回引用类型，该函数可以作为左值。如 E 行程序 maxdata2(a,10)−=100，相当于 a[9]−=100，a[9]的值为−80。

2. 组合类的应用

(1)定义 Point 类,有两个成员 X、Y,表示平面上的一个点的坐标。定义 Point 类的构造函数、复制构造函数和获取私有成员 X、Y 值的成员函数 GetX()和 GetY()。

(2)定义组合类 Line,有两个 Point 类的对象成员 p1、p2 和线段长度 len,p1、p2 表示平面上的一条线段的两个端点。构造函数的参数为两个 Point 对象,构造函数计算线段长度存入 len 中。定义 Line 的复制构造函数。

(3)定义组合类 Triangle,有 3 个 Line 类的对象成员 l1、l2、l3 表示平面上的 3 条线段,area 表示由 3 条线段构成的三角形面积。构造函数的参数为 3 个 Line 对象,构造函数判断这 3 条边能否构成三角形,能构成三角形,则计算该三角形面积,若不能,面积为0。定义 Triangle 复制构造函数。

(4)在主函数中分别定义 3 个 Point 类对象、3 个 Line 类对象和 1 个 Triangle 类对象,计算 Triangle 类对象的面积。

实验步骤:

(1)定义 Point 类及相关函数

```cpp
class Point{
public：
    Point(int xx=0, int yy=0) {X=xx;Y=yy;}
    Point(Point &p);
    int GetX() {return X;}
    int GetY() {return Y;}
private：
    int X,Y;
};
Point::Point(Point &p) {
    X=p.X;   Y=p.Y;}
```

(2)定义组合类 Line 及相关函数

```cpp
class Line {
public：
    Line (Point xp1, Point xp2);
    Line (Line &);
    double GetLen(){return len;}
private：
    Point p1,p2;                //Point 类的对象 p1,p2
    double len;
};
Line:: Line (Point xp1, Point xp2):p1(xp1),p2(xp2){
    double deltx =double(p1.GetX()-p2.GetX());
    double delty=double(p1.GetY()-p2.GetY());
    len=sqrt(deltx * deltx + delty * delty);
}
```

Line∷ Line（Line &Seg）：p1(Seg. p1)，p2(Seg. p2)，len(Seg. len){}

（3）定义组合类 Triangle 及相关函数

```
class Triangle{
    Line l1,l2,l3;
    double area;
public：
    Triangle(Linea，Line b，Line c)；
    Triangle(Triangle& tri)；
    double GetArea(){return area;}
};
Triangle∷Triangle(Linea，Line b，Line c)：l1(a),l2(b),l3(c){
    double s;
    double len1=l1. GetLen();
    double len2=l2. GetLen();
    double len3=l3. GetLen();
    area=0;
    if((len1+len2>len3)&&(len2+len3>len1)&&(len1+len3>len2)){
        s=(len1+len2+len3)/2;
        area=sqrt(s*(s-len1)*(s-len2)*(s-len3));
    }
}
Triangle∷Triangle(Triangle& tri)：l1(tri. l1),l2(tri. l2),l3(tri. l3)，area(tri. area){}
```

（4）在主函数中建立有关对象，并显示三角形面积

```
int main(){
    Point p1(0,4),p2(3,0),p3;        //建立 Point 类的对象
    Line li1(p1,p2);                 //建立 Line 类的对象
    Line li2(p2,p3);                 //建立 Line 类的对象
    Line li3(p1,p3);                 //建立 Line 类的对象
    Triangle tr1(li1,li2,li3);       //建立 Triangle 类的对象
    cout<<"三角形面积为:"<<tr1. GetArea()<<endl;
    return 0;
}
```

程序的运行结果为：

三角形面积为：6

案例解析

组合类是含有对象成员的类。Line 类和 Triangle 类都是组合类,其中 Line 类含有两个 Point 类对象,Triangle 类含有 3 个 Line 类对象。要注意的是组合类的构造函数在语法形式上有其特殊性：

类名∷构造函数名（参数总表）：对象成员 1（参数名表 1）,…,对象成员 n（参数名表

n){组合类构造函数体}

参数总表后的成员初始化列表属于构造函数体的一部分。程序先对这些成员进行初始化,然后再执行组合类构造函数体。

在这个案例中多次调用 3 个类的构造、复制构造函数。请读者自行分析程序的执行流程。

三、实验题

1.在实验十一实验题第 3 题、第 4 题的基础上,为矩形类 Rectangle、Fraction 类定义复制构造函数,在主函数中建立 Rectangle、Fraction 对象加以验证。

2.为实验十一实验题第 1 题的 Date 类定义复制构造函数,设计 fun 函数。在主函数中设计相应的语句调用 fun 函数,理解在调用该函数过程中复制构造函数被 3 次调用的过程。

```
Date fun(Date  d){
    Date d1=d;
    d1.add(4);
    return d1;
}
```

3.定义组合类 DateTime,类中的成员有实验十一中的 Date 类和 Time 类的成员。定义 DateTime 的构造函数和复制构造函数,并在主函数中实例化 DateTime 类的对象。

4.改写案例 2,要求如下:

定义和案例 2 相同的点类 Point。

三角形类 Triangle 定义如下:

```
class Triangle{
public:
    Triangle(Point ,Point ,Point );
    Triangle(Triangle&);
    double GetArea();
private:
    Point p1,p2,p3;
    double area;
};
```

完成 Triangle 类的成员函数的定义,并在主函数中定义 3 个 Point 对象、1 个 Triangle 对象,计算三角形的面积。

*实验十三　类的深复制

一、实验目的

1.理解对象中内存泄漏和内存重复释放的原因。

2.理解对象深复制的作用,以及何时需要深复制。

3.掌握类的深复制构造函数的定义。

二、实验案例

1.定义 A 类如下:

```
#include <iostream>
using namespace std;
class A{
    int  * p;
public:
    A(int i) {p=new int(i);}
    ~A(){delete p;}
    int GetValue(){return  * p;}
    void SetValue(int n){ * p=n;}
};
int fun(A   oa){
    return oa. GetValue();
}
int main(){
    A a(4);
    cout<<fun(a)<<endl;
    a. SetValue(a. GetValue()+1);
    cout<<fun(a)<<endl;
    return 0;
}
```

该程序编译时正常,但运行时系统出错。

案例解析

程序编译正常通过,运行该程序发生错误。因为 fun()函数的参数是对象,调用该函数时,需要调用复制构造函数传递对象。而在该题中调用了默认的复制构造函数,仅实现了对象中指针 p 的浅复制。结果是主函数中 a 的成员 p 和 fun 函数中 oa 的成员 p 都指向了同一块区域(图 1-14)。这样当 fun 函数返回时释放 oa ,调用析构函数释放 p 所指的动态空间。主函数运行结束,释放对象 a 时,再次调用析构函数释放 p 所指的动态空间时,程序运行错误。解决这个问题的方法有两种:

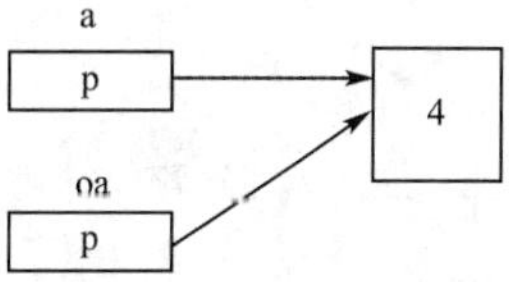

图 1-14　浅复制结果

(1)定义深复制构造函数,实现对象的深复制。

```
A::A(A& ra){
    p=new int( * ra. p);
}
```

（2）改变 fun 函数的参数类型为引用。这时参数 r 就是被调函数的实参的引用，不需要调用复制构造函数传递参数。

```
int fun(A& r){
    return  r.GetValue();
}
```

2. 定义 str 类如下：

```
#include <iostream>
#include<cstring>
using namespace std;
class str{
    char * ps;
public：
    str(char * p) {
        ps=new char[strlen(p)+1]; strcpy(ps,p);}
    str(str& rhs){
        ps=new char[strlen(rhs.ps)+1]; strcpy(ps,rhs.ps);}
    ~str(){delete []ps;}
    void disp(){cout<<ps<<endl;}
};
int main(){
    str a("C++ program."), b(a);
    a.disp();   b.disp();
    return 0;
}
```

案例解析

该类在构造函数、复制构造函数中动态申请了内存，存放字符串。因此该类必须定义析构函数，在析构函数中释放该内存。

注意，C 风格的字符串的复制必须使用字符串复制函数 strcpy。而不能采用赋值运算＝。

三、实验题

1. 设计一个人员类（Person）。有保护型数据成员，包括：char Id[19]（身份证号）、char Name[10]（姓名）、bool Gender（性别）、char * pHa（家庭住址），静态数据成员 int num，保存 Person 对象总数。家庭住址占用的内存在构造和复制构造函数中动态申请。定义如下成员函数：

（1）构造函数、深复制构造函数、析构函数。

（2）Person& assign(Person& rs)函数，完成人员对象赋值。

（3）void change(char * pha) 函数，用形参改变现有住址。

（4）void showpare（）函数，显示人员对象数据。

（5）static void shownum（）函数，显示人员对象总数

在主函数中建立 Person 类对象并调用成员函数加以验证。

2.定义素数类 Prime，该类有数据成员：

int num 保存素数的个数。

int ＊pn 指向动态申请的整型数组，保存前 num 个素数。

void create（）函数，产生前 num 个素数，保存在 pn 指向的数组中。

定义 Prime 类的构造函数、深复制构造数、析构函数，输出数组中所有素数的函数。并在主函数定义 Prime 类的对象，加以验证。

实验十四　友　元

一、实验目的

1.理解友元函数和友元类的作用，掌握友元函数和友元类的应用。

2.理解使用友元函数和友元类的利弊。

二、实验案例

1.使用友元函数计算两个 Time 类对象的时间差。

在实验十一案例中定义了 Time 类，现在定义 Time 类的友元函数 DiffTime（Time& start，Time& end），计算 end 和 start 之间的时间差。

（1）在 Time 类中说明函数 DiffTime（Time& start，Time& end）为友元函数，并定义该函数。

（2）在主函数中定义两个 Time 对象，调用 DiffTime 函数，显示时间差。

实验步骤：

（1）定义友元函数 DiffTime（Time& start，Time& end）

在 Time 类中将 DiffTime 说明为友元函数：

friend Time DiffTime（Time& start，Time& end）；

函数定义如下：

```
Time DiffTime(Time& start, Time& end){
    Time tt;
    int carry=0;
    (tt. Second =end. Second-start. Second)>=0 ? carry=0 :(tt. Second+=60,carry=1);
    (tt. Minute =end. Minute-start. Minute-carry)>=0 ? carry=0 :(tt. Minute+=60,carry=1);
    (tt. Hour =end. Hour-start. Hour-carry)>=0 ? carry=0 : tt. Hour+=24;
    return tt;
}
```

（2）在主函数中定义两个 Time 对象，调用 DiffTime 函数，显示时间差

```
int main(){
```

```
    Time    t1(8,10,10),t2(3,20,4);
    Time    t=DiffTime(t1,t2);
    t.ShowTime();
}
```

程序运行结果为：

19:10:54

案例解析

将 DiffTime 函数声明为友元函数，在 DiffTime 函数中就可以通过 Time 对象访问私有成员。

2.使用友元类

(1)定义一个 Base 类，在类中声明 OtherClass 类为其友元类。

(2)在 OtherClass 类通过 Base 类对象访问该类的私有数据成员。

(3)在主函数中加以测试。

实验步骤：

(1)Base 类定义

```cpp
#include<iostream>
using namespace std;
class Base{
private:
    int num;
public:
    Base(int n):num(n){}
    void disp(){
        cout<<"num= "<<num<<endl;
    }
    friend class Otherclass;
};
```

(2)OtherClass 类定义

```cpp
class Otherclass{
public:
    void dispo1(Base b){
        cout<<"num= "<<b.num<<endl;
    }
    void dispo2(Base b){
        b.disp();
    }
};
```

(3)在主函数中定义类对象

```cpp
int main(){
```

```
Base a(10),b(20);
a. disp();
b. disp();
Otherclass o;
o. dispo1(a);
o. dispo2(b);
return 0;
}
```

程序运行结果为：

num= 10

num= 20

num= 10

num= 20

◆ 案例解析

将 Otherclass 类声明为 Base 类的友元类,这样 Otherclass 类的所有成员函数都成为 Base 类的友元函数。因此 Otherclass 的两个函数可以通过 Base 的对象访问其私有成员。

三、实验题

1.为实验十一实验题第 3 题 Rectangle 类定义计算周长的友元函数,并在主函数中调用该友元函数。

2.参考案例 2,定义 Time 类的友元类 DiffTime。其中 DiffTime 类有一个成员函数 Time_ DiffTime(Time& start,Time& end),计算两个 Time 对象的时间差。

3.用友元函数实现实验十一中实验题第 4 题分数类 Fraction 加、减、乘、除、是否相等、是否大于操作。并在主函数中建立若干 Fraction 类对象进行验证。

实验十五　继承与派生

一、实验目的

1.理解继承与派生的概念,三种不同继承方式下基类成员在派生类中的访问控制属性的变化。

2.理解派生关系的实现方法,掌握派生类在不同继承方式下成员的访问控制。

二、实验案例

三种不同的继承方式,导致基类成员在派生类中及类的外部具有不同访问属性。

1.公有继承中的成员访问

```
# include <iostream>
using namespace std;
class Base{
    int x,y;
protected:
    int a,b;
public:
    int m,n;
    void SetX(int X){x=X;}
    void SetY(int Y){y=Y;}
    int GetX(){return x;}
    int GetY(){return y;}
};
class Derived:public Base{
public:
    void SetXY(int X,int Y){SetX(X);SetY(Y);}
    void SetAB(int A,int B){a=A;b=B;}
    void SetMN(int M,int N){m=M;n=N;}
    int GetSumXY(){return GetX()+GetY();}
    int GetSumAB(){return a+b;}
    int GetSumMN(){return m+n;}
};
int main(){
    Derived objD;
    objD.SetXY(1,2);
    objD.SetAB(10,20);
    objD.SetMN(100,200);
    cout<<"x+y="<<objD.x +objD.y<<endl;      //错误
    cout<<"a+b="<<objD.a +objD.b<<endl;      //错误
    cout<<"m+n="<<objD.m +objD.n<<endl;      //正确
    return 0;
}
```

2. 私有继承中的成员访问

```
# include <iostream>
using namespace std;
class Base{
    int x,y;
protected:
    int a,b;
public:
    int m,n;
    void SetX(int X){x=X;}
```

```
        void SetY(int Y){y=Y;}
        int GetX(){return x;}
        int GetY(){return y;}
};
class Derived:private Base{
public:
        void SetXY(int X,int Y){SetX(X);SetY(Y);}
        void SetAB(int A,int B){a=A;b=B;}
        void SetMN(int M,int N){m=M;n=N;}
        int GetSumXY(){return GetX()+GetY();}
        int GetSumAB(){return a+b;}
        int GetSumMN(){return m+n;}
};
int main(){
        Derived objD;
        objD.SetXY(1,2);
        objD.SetAB(10,20);
        objD.SetMN(100,200);
        cout<<"x+y="<<objD.x +objD.y<<endl;        //错误
        cout<<"a+b="<<objD.a +objD.b<<endl;        //错误
        cout<<"m+n="<<objD.m +objD.n<<endl;        //错误
        return 0;
}
```

3. 保护继承中的成员访问

```
#include <iostream>
using namespace std;
class Base{
        int x,y;
protected:
        int a,b;
public:
        int m,n;
        void SetX(int X){x=X;}
        void SetY(int Y){y=Y;}
        int GetX(){return x;}
        int GetY(){return y;}
};
class ExtBase:protected Base{
};
class Derived:public ExtBase{
public:
        void SetXY(int X,int Y){SetX(X);SetY(Y);}
```

```
        void SetAB(int A,int B){a=A;b=B;}
        void SetMN(int M,int N){m=M;n=N;}
        int GetSumXY(){return GetX()+GetY();}
        int GetSumAB(){return a+b;}
        int GetSumMN(){return m+n;}
    };
    int main(){
        Derived objD;
        objD.SetXY(1,2);
        objD.SetAB(10,20);
        objD.SetMN(100,200);
        cout<<"x+y="<<objD.GetSumXY()<<endl;          //正确
        cout<<"a+b="<<objD.GetSumAB()<<endl;          //正确
        cout<<"m+n="<<objD.GetSumMN()<<endl;          //正确
        return 0;
    }
```

◆ 案例解析

本案例的 3 个实验演示了在 3 种不同继承方式下,基类的 3 种成员在派生类中的访问控制属性。

三、实验题

1.定义图形基类 Shape,在类中只有 Showarea()显示图形面积。由 Shape 类公有派生出矩形类 Rectangle,新增数据有 double 类型 length、width、area,保存矩形的长、宽和面积;Shape 类公有派生出三角形类 Triangle,新增数据有 double 类型 bottom、hight、area,保存三角形的底、高和面积。每个派生类都在构造函数中初始化数据成员,并改写 Showarea()函数,分别显示矩形和三角形的面积。最后在主函数用对象、基类指针分别调用 Showarea()加以测试,观察程序运行结果。

2.将实验十一中实验案例的 Time 类派生出 ZoneTime 类,ZoneTime 类增加一个表示时区的数据成员 zone,编写 ZoneTime 类的构造函数,复制构造函数,显示日期、时间、时区等函数。

3.以实验十三实验题第 1 题人员类 Person 为基类,公有派生出 Student 类,增加私有数据成员 char No[11] (学号)、int * psc(课程成绩)、int numsc(课程门数),课程门数由构造函数参数给出。编写如下函数:

(1)Student 类构造函数、深复制构造函数、析构函数。在构造函数、复制构造函数中申请内存存放 numsc 门课程成绩。在析构函数中释放内存。

(2)Student& assign(Student&)函数,对 Student 对象赋值。

(3)void change(int n,char * pha) 函数,用形参 n 改变现有课程门数、pha 改变现有住址。

（4）void getscore()函数,输入 numsc 门课程成绩,存入 psc 所指内存。

（5）改写基类的 showpare()函数,显示 Student 类的全部数据。

在主函数中定义 Student 类对象,并调用成员函数加以验证。

[*]实验十六　多继承与虚基类

一、实验目的

1. 掌握多继承派生类构造函数定义方法,理解派生类、基类构造函数及析构函数执行顺序。

2. 理解多继承中同名标识产生的二义性问题。

3. 掌握使用虚基类解决多继承中的同名成员的方法。

二、实验案例

1. 计算如图 1-15 所示正三棱柱去掉中间的圆柱体后的体积。

实验步骤:

（1）定义正三角形类

```
class Triangle{
protected:
    double line,area;
public:
    Triangle(double a=0){
      line=a;
      area=1.73205/4*l*l;
      cout<<"construction Triangle"<<endl;
    }
    ~Triangle(){cout<<"deconstruction Triangle"<<endl;}
};
```

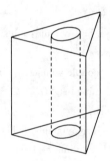

图 1-15　正三棱柱去掉中间的圆柱体

（2）定义圆类

```
#include <iostream>
using namespace std;
const double PI=3.14159;
class Circle{
protected:
    double radius,carea;
public:
    Circle(double r=0){
        radius=r;
        carea=PI*r*r;
        cout<<"construction Circle"<<endl;
```

```
        }
        ~Circle(){cout<<"deconstruction Circle"<<endl;}
};
```

（3）定义高度类

```
class Line{
protected：
    double length;
public：
    Line(double h=0){
        length=h;
        cout<<"construction Line"<<endl;
    }
    friend class Tri_pyramid;
    ~Line(){cout<<"deconstruction Line"<<endl;}
};
```

（4）定义正三棱柱去掉中间的圆柱体后图形类，该类多继承正三角形类、圆类，包含高度类对象

```
class Tri_pyramid：public Triangle，public Circle{
private：
    double volume;
    Line height;
public：
    Tri_pyramid(double r,double l1,double l2)：Triangle(l1),height(l2),Circle(r){
        volume=(larea-carea)*height.length;
        cout<<"construction Tri_pyramid"<<endl;
    }
    ~Tri_pyramid(){cout<<"deconstruction Tri_pyramid"<<endl;}
    double GetV(){return volume;}
};
```

（5）在主函数中加以测试

```
int main(){
    Tri_pyramid    tp(5,15,18);
    cout<<"正三棱柱的体积= "<<tp.GetV()<<endl;
    return 0;
}
```

案例解析

这是一个多继承派生类的问题。正三棱柱类 Tri_pyramid 多继承正三角形类、圆类，同时有高度类对象成员。在创建正三棱柱类对象 tp 时，Tri_pyramid 构造函数先后调用 Triangle 类、Circle 类、Line 类的构造函数，最后才执行自身构造函数体中的语句。在

Line 高度类中将 Tri_pyramid 声明为友元函数,目的是在 Tri_pyramid 类中可以通过对象名直接访问 Line 类的私有成员。请读者自行写出该程序运行后的结果。

2. 多继承同名标识产生的二义性问题。

(1)交通工具类 Vehicle,有数据成员 speed 表示速度。

(2)Vehicle 分别公有派生出船类 Boat 和摩托类 Motor,分别有成员 seat(座位数)、power(发动机功率)。

(3)由 Boat 类和 Motor 类共同公有派生出 Motor_Boat 摩托艇类。

(4)在主函数中定义 Motor_Boat 类的对象,通过该对象访问基类继承来的数据成员。

实验步骤:

(1)定义交通工具类 Vehicle

```cpp
#include <iostream>
using namespace std;
class Vehicle{
public:
    int speed;
    Vehicle(int sp):speed(sp){};
};
```

(2)Vehicle 类公有派生出船类 Boat 和摩托类 Motor

```cpp
class Boat :public Vehicle{
public:
    int seat;
    Boat(int sp,int se):Vehicle(sp),seat(se){}
};
class Motor :public Vehicle{
public:
    int power;
    Motor(int sp,int po):Vehicle(sp),power(po){}
};
```

(3)由 Boat 类和 Motor 类共同公有派生出摩托艇类 Motor_Boat

```cpp
class Motor_Boat :public Motor,public Boat{
public:
    Motor_Boat(int sp,int se,int po):Motor(sp,po),Boat(sp,se){}
};
```

(4)定义 Motor_Boat 类对象,访问其成员

```cpp
int main(){
    Motor_Boat mv(10,500,50);
    cout<<mv.speed <<endl;          //A　错误,存在二义性
    cout<<mv.Motor::speed <<endl;   //B　必须使用直接基类 Motor 访问 speed
    cout<<mv.Boat::speed <<endl;    //C　必须使用直接基类 Boat 访问 speed
```

```
        cout<<mv.seat<<endl;              //D  seat 唯一,通过对象访问
        cout<<mv.power<<endl;             //E  power 唯一,通过对象访问
        return 0;
    }
```

案例解析

在 mv 中,存在着从 Vehicle 经 Boat 和 Motor 两个途径继承下来的两个 speed。因此程序要访问这两个成员,如果像 A 行这样编写程序,成员标识不唯一,存在二义性问题,编译时系统就会给出错误提示。解决的方法除了像 B、C 程序行那样用直接基类名加以限定,或者在 Motor_Boat 类中再定义一个同名的 speed 隐藏基类的 speed 之外,可以采用虚基类的方法。

3.采用虚基类解决同名标识产生的二义性。

实验步骤:

(1)在派生 Motor 和 Boat 类时,将 Vehicle 类声明为虚基类。

```
class Boat :virtual public Vehicle{
public:
    int seat;
    Boat(int sp,int se):Vehicle(sp),seat(se){}
};
class Motor :virtual public Vehicle{
public:
    int power;
    Motor(int sp,int po): Vehicle (sp),power(po){}
};
```

(2)由 Boat 类和 Motor 类共同派生 Motor_Boat 类。但是 Motor_Boat 的构造函数必须列出对虚基类 Vehicle 的初始化。

```
class Motor_Boat : public Motor,public Boat{
public:
    Motor_Boat (int sp,int se,int po):Vehicle(sp),Motor(sp,po),Boat(sp,se){}
};
```

这样在主函数中,就可以通过 Motor_Boat 对象直接访问 speed。

```
int main(){
    Motor_Boat mv(10,500,50);
    cout<<mv.speed <<endl;              //使用对象名访问成员
    cout<<mv.seat<<endl;
    cout<<mv.power<<endl;
    return 0;
}
```

案例解析

在本案例中采用了虚基类技术,可以通过派生类对象访问间接基类中的成员 speed。

三、实验题

1. 实验十二中实验题第 3 题类 DateTime 由 Date 类和 Time 类组合而成。现在要求重新定义 DateTime 类,该类由 Date 类和 Time 类公有派生而来。从而理解一个类由其他类组合而成(has a 关系)和继承其他类(is a 关系)的区别。

2. 使用实验十三实验题第 1 题的 Person 类,将其分别公有派生出专家类 Technician 和市长类 Mayor,其中 Technician 类增加成员有技术专长,Mayor 类增加工作城市。再由 Technician 类和 Mayor 类共同公有派生出专家市长类 Tech_Mayor。为所有类定义构造函数、析构函数、复制构造函数。在主函数中创建 Tech_Mayor 类对象,通过该对象访问 Person 类中的成员。

3. 在上题的基础上,将 Person 类定义为虚基类,在主函数中创建 Tech_Mayor 类对象,通过该对象访问 Person 类中的成员。

实验十七　运算符重载

一、实验目的

1. 理解运算符重载的概念、规则。
2. 掌握运算符重载的两种形式。

二、实验案例

1. 定义一个字符串类 Words,有一个成员为 char 型指针和构造函数、复制构造函数、析构函数,实现对象的深复制等操作。定义下标运算符"[ ]"重载函数,使得可以使用"[ ]"来访问 Words 对象中的某个字符。要求该函数的类型为 char&。定义赋值运算符"＝"为重载函数。

2. 完成构造函数、复制构造函数、析构函数的实现。

3. 完成下标运算符"[ ]"、赋值运算符"＝"为重载函数的实现。

4. 在主函数中创建 Words 类对象,并调用运算符重载函数。

实验步骤:

(1)定义类 Words

```cpp
# include <iostream>
# include <cstring>
using namespace std;
class Words{
    char   * str;
public:
    Words(char * );
    Words(Words&);
    ~Words();
```

```
    char&  operator [](int);
    Words& operator=(Words&);
    void disp(){cout<<str<<endl;}
};
```

（2）构造函数、复制构造函数、析构函数的实现

```
Words::Words(char * s){str=new char[strlen(s)+1]; strcpy(str, s); }
Words::Words(Words& w){
    if(str! =w. str){
       str=new char[strlen(w. str)+1];
       strcpy(str, w. str);
    }
}
Words::~Words(){delete []str;}
```

（3）完成下标运算符"[ ]"、赋值运算符"＝"重载函数的实现

注意：在本例中成员函数 operator [] 的类型为 char&，不能为 char，为什么？

```
char& Words::operator[](int i){return str[i];}
Words&  Words::operator=(Words& w){
    if(str! =w. str){
       delete [] str;
       str=new char[strlen(w. str)+1];
       strcpy(str, w. str);
    }
    return * this;
}
```

（4）在主函数中创建 Words 类对象，并调用运算符重载函数

```
int main(){
    char * s1="china";
    int n;
    Words   w1(s1),w2(w1);
    w1. disp();   w2. disp();
    n=strlen(s1);
    while(n>0){
        w1[n-1]-=32; n--;
    }
    w1. disp();
    w2=w1;   w2. disp();
    return 0;
}
```

◆ 案例解析

本案例中重载了"[]""="运算符，这两个运算符都只能重载成成员函数。其中"[]"

运算符重载函数的类型为 char&，是因为函数的返回值需要作为左值。主函数中的语句 "w1[n－1]－＝32;"相当于"w1.operator[](n－1)－＝32;"就是作为左值使用的情况。

三、实验题

1.为复数类 Complex 重载"＋""－"" ＊ ""/"等算术运算符;"＞""＜"等关系运算符。算术运算符重载为成员函数,关系运算符重载为友元函数。在主函数中实现复数的四则运算和关系运算。

其中,复数" ＊ ""/"的规则如下:

设复数 c1 为(a,b)(即 a＋bi),c2 为(c,d),则 c3＝c1 ＊ c2＝(a ＊ c－b ＊ d, a ＊ d＋c ＊ b);
c3＝c1/c2＝((a ＊ c＋b ＊ d)/f, (b ＊ c－a ＊ d)/f),其中 f＝c ＊ c＋d ＊ d。

"＞"的含义是按复数的模比较大小。如复数 c1 为(a,b),则 c1 的模为 $\sqrt{a^2+b^2}$。

2.为上题复数类 Complex 重载"＞＞""＜＜"运算符,实现复数的输入和输出。

3.用运算符重载函数实现实验十一第 4 题分数类 Fraction 的加、减、乘、除、比较大小(＝＝、! ＝、＜、＞),插入运算＜＜、提取运算＞＞。并在主函数中加以验证。

4.为实验十一实验案例中的时间类 Time 重载"＋""－"、前后置"＋＋"等运算符;"＝＝""＜""＞"等关系运算符。其中前后置"＋＋"的含义是加 1 秒。

5.为实验十六中实验题 3 的 Person 类、Technician 类、Mayor 类、Tech_Mayor 类定义赋值运算符重载函数。

实验十八　虚函数与多态性

一、实验目的

1.理解运行时多态的概念。
2.理解虚函数的概念,掌握虚函数的应用。

二、实验案例

1.定义一个基类 Base,该基类有成员函数 fun1()、fun2()。其中 fun1()是虚函数,fun2()不是虚函数。Base 公有派生 Derived 类,该类也有成员函数 fun1()、fun2()。在主函数中定义派生类 Derived 对象,分别用基类对象指针和派生类对象指针调用 fun1()、fun2()函数,观察运行结果。

实验步骤:

(1)定义基类 Base

```
#include<iostream>
using namespace std;
class Base{
public:
    virtual void fun1(){cout<<"调用 Base 的 fun1 函数"<<endl;}
```

```
        void fun2(){cout<<"调用 Base 的 fun2 函数"<<endl;}
};
```

（2）派生 Derived 类

```
class Derived :public Base{
public：
        void fun1(){cout<<"调用 Derived 的 fun1 函数"<<endl;}
        void fun2(){cout<<"调用 Derived 的 fun2 函数"<<endl;}
};
```

（3）在主函数中定义派生类 Derived 对象，分别用基类对象指针和派生类对象指针调用 fun1()、fun2() 函数

```
int main(){
        Derived d;
        Derived *  pd=&d;
        Base *  pb=&d;
        pb->fun1();   //A
        pb->fun2();   //B
        pd->fun1();   //C
        pd->fun2();   //D
        return 0;
}
```

程序的运行结果为：

调用 Derived 的 fun1 函数

调用 Base 的 fun2 函数

调用 Derived 的 fun1 函数

调用 Derived 的 fun2 函数

案例解析

A 行基类指针指向派生类对象，调用虚函数时，调用的是派生类中的虚函数。这是运行时多态。

B 行基类指针指向派生类对象，调用非虚函数时，根据类型兼容规则，调用的是基类中的函数。不涉及多态性。

C 行和 D 行派生类指针指向派生类对象，调用的是派生类中的函数。不涉及多态性。

2.通过定义虚析构函数防止动态建立的对象在释放时内存泄漏。

设计基类 X，在构造函数中动态分配内存，在析构函数中释放内存。X 类派生出 Y 类，在 Y 类的构造函数中动态分配内存，在析构函数中释放内存。由于基类 X 的析构函数没有声明为虚函数，本案例存在派生类 Y 对象动态分配内存没有释放，造成内存泄漏。

编写程序如下：

```
#include <iostream>
using namespace std;
class X{
    int * p;
public:
    X(){p=new int[3];cout<<"X()   p="<<p<<endl;}
    ~X(){delete[] p;cout<<"~X()"<<endl;}
};
class Y: public X{
    int * q;
public:
    Y(){q=new int[1024];cout<<"Y()   q="<<q<<endl;}
    ~Y(){delete[] q;cout<<"~Y()"<<endl;}
};
int main(){
    for(int i=0;i<4;i++){
      X * r=new Y;
      delete r;
    }
    return  0;
}
```

程序的运行结果为：

X()　p=0xc80e20

Y()　q=0xc8a5c8

~X()

X()　p=0xc80e20

Y()　q=0xc8b5d0

~X()

X()　p=0xc80e20

Y()　q=0xc8c5d8

~X()

X()　p=0xc80e20

Y()　q=0xc8d5e0

~X()

◆ 案例解析

从运行结果分析，没有调用 Y 类的析构函数，从而产生了内存泄漏。为了防止内存泄漏，程序修改如下：

virtual ~X(){delete[] p;cout<<"~X()."<<endl;}

由于基类 X 的析构函数是虚函数,因此派生类 Y 的析构函数自动成为虚函数。这样程序执行 delete r 时,调用的是 Y 类的析构函数,然后再调用基类 X 的析构函数,从而避免了内存的泄漏。

三、实验题

1.定义动物类 Animal,具有虚函数 void Show_Name(),显示"Animal"。Animal 类派生出猫科动物类 Cat,同样有虚函数 void Show_Name(),显示"Cat"。Cat 类派生出老虎类 Tiger,Tiger 类同样有虚函数 void Show_Name(),显示"Tiger"。在主函数中通过基类指针调用所有类的 Show_Name 函数,观察运行结果。

2.在实验十五第 1 题基础上,建立图形抽象类 Shape,其中 Showarea()、Showpara() 函数均为纯虚函数,分别显示图形面积和其他数据。静态数据成员 total_of_area,保存所有图形的总面积。Shape 类派生出矩形类 Rectangle、三角形类 Triangle。派生类构造函数中初始化新增的数据成员,计算图形面积,并累计图形总面积。派生类中给出 Showarea()、Showpara()虚函数的实现。在主函数中使用基类指针或引用访问派生类的成员函数,观察运行结果。

实验十九   抽象类

一、实验目的

1.理解纯虚函数和抽象类的概念。
2.掌握抽象类的应用。

二、实验案例

几何图形的派生关系如图 1-16 所示。

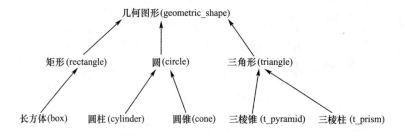

图 1-16   几何图形的派生关系

几何图形类作为抽象类,派生出矩形等平面图形,平面图形再派生出长方体等立体图形。本案例将以上图中间的派生分支为例,介绍抽象类和虚函数的应用。

实验步骤:

(1)定义抽象基类 Geometric_shape,该类含有计算面积、体积等虚函数。含有保存各图形对象面积之和的静态成员 Total_area、显示面积之和的静态函数 Show_Totalarea()。

```
#include <iostream>
#include<cmath>
using namespace std;
const double PI=3.1415926535;
class Geometric_shape{                    //几何图形
protected:
    static double Total_area;
public:
    virtual double Area()=0;              //面积
    virtual double Volume()=0;            //体积
    virtual void Show(){};
    static void Show_Totalarea();         //几何图形总面积
};
double Geometric_shape::Total_area=0;   //初始化
void Geometric_shape::Show_Totalarea(){
    cout<<"图形总面积="<<Total_area<<endl;
}
```

（2）抽象基类 Geometric_shape 派生出圆类 Circle，给出虚函数的实现。

```
class Circle :public Geometric_shape{//圆
protected:
    double radius;
public:
    Circle(){radius = 0; }
    Circle(double cr){radius = cr;}
    double Area(){                        //面积
    Total_area+=PI * radius * radius;
    return PI * radius * radius;
}
double Volume(){return 0;}                //体积
    void Show(){cout<<"radius="<<radius<<endl;}
};
```

（3）圆类再派生出圆柱类 Cylinder 和圆锥类 Cone，给出虚函数的实现。

```
class Cylinder:public Circle {            //圆柱体
    double height;
public:
    Cylinder(){height=0;}
    Cylinder(double cr,double he):Circle(cr){height=he;}
    double Area(){                        //面积
    Total_area+=2 * PI * radius * (radius+height);
    return 2 * PI * radius * (radius+height);
}
```

```
double Volume(){return PI * radius * radius * height;}//体积
};
class Cone：public Circle{                    //圆锥
    double height;
public：
    Cone(){height＝0;}
    Cone(double cr,double he):Circle(cr){height＝he;}
    double Area(){                    //面积
    double l＝sqrt(radius * radius＋height * height);
    Total_area＋＝PI * radius * (radius＋l);
    return PI * radius * (radius＋l);
}
double Volume(){return PI * radius * radius * height/3.0;}//体积
};
```

(4)在主函数中加以测试。

```
int main(){
    Geometric_shape * gs;                          //抽象基类指针
    Circle cc(10);
    Cylinder cl(10,3);
    Cone cn(10,3);

    cc. Show();                                    //静态联编
    cout<<"圆面积:"<<cc. Area()<<'\t';
    cout<<"圆体积:"<<cc. Volume()<<endl;
    cc. Show_Totalarea();                          //对象调用静态函数

    gs＝&cl;
    gs－>Show();                                    //动态联编
    cout<<"圆柱体表面积:"<<gs－>Area()<<'\t';        //动态联编
    cout<<"圆柱体体积:"<<gs－>Volume()<<endl;        //动态联编
    gs－>Show_Totalarea();//对象指针调用静态函数

    gs＝&cn;
    gs－>Show();                                    //动态联编
    cout<<"圆锥体表面积:"<<gs－>Area()<<'\t';        //动态联编
    cout<<"圆锥体体积:"<<gs－>Volume()<<endl;        //动态联编
    Geometric_shape::Show_Totalarea();             //类名::静态函数方式调用
    return 0;
}
```

案例解析

由于 Area()等函数说明为纯虚函数,因此 Geometric_shape 为抽象类。Geometric_

shape 类不能实例化。抽象类的作用仅是为了实现运行时多态性。各派生类给出了所有虚函数的实现,因此 Circle 等不再是抽象类。主函数中通过抽象类的指针调用各派生类的函数,界面一致,都是 gs－＞area(),gs－＞volume(),结果却不相同,调用的是不同对象的成员函数,实现了运行时多态,这就是"同一界面,不同实现"的含义。

在抽象类中定义了 2 个静态成员:Total_area 保存几何图形对象总面积,Show_Totalarea()显示几何图形总面积。在类外对 Total_area 进行定义性说明及初始化,在各派生类的 Area()函数中累计面积。在主函数中,用 3 种不同方式调用 Show_Totalarea()函数。

三、实验题

模拟实验案例,实现图 1-15 中的左侧和右侧两个派生关系。并在主函数中利用抽象基类指针调用派生类的虚函数。

实验二十　函数模板与类模板

一、实验目的

1.理解函数模板的概念,掌握函数模板的应用。
2.理解类模板和模板类的概念、区别,掌握类模板的应用。

二、实验案例

1.定义一个能比较三个数大小的函数模板。
编写程序如下:

```
#include<iostream>
using namespace std;
template<typename T>T  ThreeCompare(T a,T b,T c){
    T x;
    if(a>b && a>c) return x=a;
    if(b>c && b>a) return x=b;
    if(c>a && c>b) return x=c;
}
int main(){
    int a,b,c;
    double x,y,z;
    char m,n,o;
    a=10,b=15,c=-4;
    x=4.269,y=0,z=12.04;
    m='&',n='x',o='=';
    cout<<"Max int ="<<ThreeCompare(a,b,c)<<endl;
```

```
    cout<<"Max double ="<<ThreeCompare(x,y,z)<<endl;
    cout<<"Max char ="<<ThreeCompare(m,n,o)<<endl;
    return 0;
}
```

案例解析

该案例中,函数模板 ThreeCompare 被 3 次实例化成模板函数,即:

第一次实例化成 int ThreeCompare(int a,int b,int c);

第二次实例化成 double ThreeCompare(double a,double b,double c);

第三次实例化成 char ThreeCompare(char a, char b, char c);

当然也可以实例化成自定义类型、类类型。

在一些场合,可以将函数模板和普通函数形成重载。

2.定义一个通用的栈类。栈是一种重要的线性数据结构,计算机软件系统利用栈来调用函数。其特点是先进栈的元素后出栈,后进栈的元素先出栈。栈的主要操作有元素进栈和出栈。栈的实现可以用数组,也可以用链表。本案例用数组实现栈。

(1)使用类模板定义一个通用栈类,它有 3 个数据成员:栈顶下标 top、栈的最大容量 maxSize、动态建立的栈空间的指针 T * element。

(2)定义函数成员:构造、析构函数,取栈顶元素函数,元素进出栈函数,判断栈满/空函数。

(3)在主函数中实例化类模板->模板类->对象,调用相应函数完成栈的操作。

实验步骤:

(1)使用类模板定义一个通用栈类。

```
#include<cassert>
#include<iostream>
using namespace std;
template<typename T>class Stack{
    int top;                              //栈顶下标
    T * elements;                         //动态建立的栈
    int maxSize;                          //栈最大容纳的元素个数
};
```

(2)在第一步基础上,定义成员函数。

```
template<typename T>class Stack{
    int top;                              //栈顶下标
    T * elements;                         //动态建立的栈
    int maxSize;                          //栈最大容纳的元素个数
public:
    Stack(int=20);                        //如不指定栈大小,设为 20 元素
    ~Stack(){delete[] elements;}
    void Push(const T &data);             //压栈
```

```
        T Pop();                                     //弹出,top--
        T GetElem(int i);                            //取数据,top 不变
        void MakeEmpty(){top=-1;}                    //清空栈
        bool IsEmpty() const{return top==-1;}        //判栈空
        bool IsFull() const{return top==maxSize-1;}  //判栈满
        void PrintStack();                           //输出栈内所有数据
};
template<typename T> Stack<T>::Stack(int maxs){
        maxSize=maxs;
        top=-1;
        elements=new T [maxSize];                    //建立栈空间
        assert(elements! =0);                        //分配不成功结束程序
}
template<typename T> void Stack<T>::PrintStack(){
        for(int i=0;i<=top;i++) cout<<elements[i]<<'\t';
        cout<<endl;
}
template<typename T> void Stack<T>::Push(const T &data){
        assert(! IsFull());                          //栈满则退出程序
        elements[++top]=data;   //栈顶下标先加 1,元素再进栈,top 指向栈顶元素
}
template<typename T> T Stack<T>::Pop(){
        assert(! IsEmpty());                         //栈已空则不能退栈,退出程序
        return elements[top--];                      //返回栈顶元素,同时栈顶下标减 1
}
template<typename T> T Stack<T>::GetElem(int i){
        assert(i<=top&&i>=0);                        //超出栈有效数据则退出程序
        return elements[i];                          //返回指定元素,top 不变
}
```

(3)在主函数中实例化类模板->模板类->对象,调用相应函数完成栈的操作。

```
int main(){
        int i,a[10]={0,1,2,3,4,5,6,7,8,9},b[10];
        Stack<int> istack(10);                       //类模板实例化
        for(i=0;i<10;i++) istack.Push(a[i]);
        if(istack.IsFull()) cout<<"栈满"<<endl;
        istack.PrintStack();
        for(i=0;i<10;i++) b[i]=istack.Pop();
        if(istack.IsEmpty()) cout<<"栈空"<<endl;
        for(i=0;i<10;i++) cout<<b[i]<<'\t';          //注意先进后出
        cout<<endl;
        return 0;
}
```

程序的运行结果为：

栈满

0 1 2 3 4 5 6 7 8 9

栈空

9 8 7 6 5 4 3 2 1 0

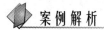 案例解析

这是一个比较复杂的类模板的案例。类模板 Stack 实现了重要的数据结构——栈的一些基本操作。由于在实际应用中，栈中的元素类型是不确定的，因此将栈定义为模板，在应用时根据提供的类型参数将其实例化成模板类。在本例中，栈中元素的类型是 int。

三、实验题

1. 编写一个求绝对值的函数模板，并在主函数中用 int、double 等类型的数据测试。

2. 设计一个 print 函数模板，能输出任意大小、任意类型的一维数组的所有元素值。并用于输出 int、double、string 和复数 complex 等类型的一维数组。

*3. 模仿案例 2，编写一个通用的队列类模板 Queue，与栈不同的是队列元素是从队尾进、队头出。它有 3 个数据成员：队尾下标 rear、队列最大容量 size、动态建立队列空间的指针 T * element；函数成员包括构造函数、析构函数，队尾插入一个元素、队头删除一个元素、判断队列满/空函数。在主函数中实例化类模板—>模板类—>对象，调用相应函数完成队列的操作。

实验二十一　标准设备的输入与输出

一、实验目的

1. 了解 C++中流的概念、C++流类体系及常用流对象。

2. 掌握标准设备输入输出操作，两种格式控制方法以及状态字的使用。

3. 掌握标准设备流常用函数的使用。

二、实验案例

1. 分别以定点数和浮点数形式显示双精度数。

编写程序如下：

```cpp
# include <iostream>
# include <iomanip>
using namespace std;
int main(){
    double data[10]={12.34,-7.86,6.989,13.24,70.15,568.696,20.387,
                     -0.0010745,230.0732,440.733};
```

```
        int i;
        cout<<setiosflags(ios::fixed)<<setiosflags(ios::right);
        for(i=0;i<10;i++){
            cout<<data[i]<<'\t';
            if(i==4)cout<<endl;
        }
        cout<<endl;
        cout<<resetiosflags(ios::fixed);
        cout<<setiosflags(ios::scientific);
        for(i=0;i<10;i++){
            cout<<data[i]<<'\t';
            if(i==4)cout<<endl;
        }
        cout<<endl;
        cout<<resetiosflags(ios::scientific);
        return 0;
    }
```

程序的运行结果为：

12.340000	−7.860000	6.989000	13.240000	70.150000
568.696000	20.387000	−0.001074	230.073200	440.73300
1.234000e+001	−7.860000e+000	6.989000e+000	1.324000e+001	7.015000e+001
5.686960e+002	2.038700e+001	−1.074500e−003	2.300732e+002	4.407330e+002

◆ **案例解析**

在 C++ 中流的格式控制可以使用预定义的操作子进行格式控制。本案例使用 setiosflags()和 resetiosflags()操作子设置和取消格式,格式状态字 ios::fixed 和 ios::scientific 设置实数的输出格式。此外,格式控制还可以使用 ios 类的成员函数实现,诸如 flags()、setf()、fill()、precision()等。

2.将使用输入流函数 get 从键盘上输入的字符串原样显示,直到输入 Enter 或 Ctrl +Z 为止。

```
#include<iostream>
using namespace std;
int main(){
    char c[10];
    while(cin.get(c,10)){
        cout<<c;
        if(cin.gcount()<9){
            cout<<endl;
            cin.ignore();
        }
```

```
        }
        return 0;
    }
```

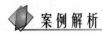 案例解析

由于一次最多能读 9 个字符,因此如果依次输入的字符数小于 9,则在输入过程中遇到了结束符号 Enter。由于 get 函数无法读入结束符号,因此必须使用 ignore() 函数专门处理,否则程序将结束运行。

三、实验题

1.改写教材中例 9-5,使用预定义的操作子进行数据的格式控制。

2.使用 getline() 函数改写案例 2,要求改写后的程序功能与案例 2 完全相同。

实验二十二   文件的输入与输出

一、实验目的

1.理解文件的概念,文本文件和二进制文件的区别。

2.掌握两类文件的顺序、随机操作方法,文件指针以及各种标志的使用。

二、实验案例

1.文本文件的访问。

文本文件是仅由 ASCII 字符组成的文件。例如,C++的源程序(.cpp)、Windows 系统中的".log"文件等都是文本文件。本案例打开一个 C++源程序文件,读入程序的每一行,在行末尾加上字符串"//remark"后保存在另一文本文件中。假设每行程序的字符数在 100 以内。

编写程序如下:

```
#include<iostream>
#include<fstream>
using namespace std;
int main(){
    char ifname[50],ofname[50];
    char buf[108];
    char * remark="//remark";
    fstream sfile,dfile;
    cout<<"输入文件名:";
    cin>>ifname;
    sfile.open(ifname,ios::in);
    while(! sfile){
```

```
        cout<<"源文件找不到,请重新输入文件名:";
        sfile. clear(ios::goodbit);
        cin>>ifname;
        sfile. open(ifname,ios::in);
    }
    cout<<"输出文件名:";
    cin>>ofname;
    dfile. open(ofname,ios::out);
    if(! dfile){
        cout<<"目标文件创建失败,请重新输入文件名:";
        cin>>ofname;
        dfile. open(ofname,ios::out);
    }
    while(! sfile. eof()){
        sfile. getline(buf,100);
        strcat(buf,remark);
        dfile<<buf<<endl;
    }
    sfile. close();
    dfile. close();
    return 0;
}
```

案例解析

程序中使用 getline 读入文件中的一行(以换行符作为一行结束的标志)。由于已经假设每行的字符数在 100 以内,所以程序中 getline 的第 2 个参数设置为 100 后,程序就不需要使用 rdstate()函数判断 getline 的操作是否产生流出错。程序中使用 strcat 函数实现两个字符串的连接。

2.使用插入和提取运算符读写文本文件。

本案例产生前 100 个素数保存在文本文件中,然后再读入指定的第 n(n<=100)个素数。

```
#include <iostream>
#include <fstream>
#include <cmath>
using namespace std;
bool IsPrime(int);
int main(){
    int i,j,k=1;
    const int N=100;
    ofstream oprimef("e:\\prime. txt");   //打开写文件
```

```
        ifstream iprimef;
        oprimef<<2<<' ';                //以文本形式写入第 1 个素数
        for(i=3; ;i=i+2){
            if(IsPrime(i)){
                oprimef<<i<<' ';        //以文本形式写入第 i 个素数
                k++;
                if(k==100)break;
            }
        }
        oprimef.close();
        iprimef.open("e:\\prime.txt");//打开读文件
        cout<<"输入要显示的素数的序号(1~100)";
        cin>>k;
        while(k>0 && k<101){
            iprimef.seekg(0,ios::beg);      //将文件读指针移到文件起始位置处
            for(i=0;i<k;i++)
                iprimef>>j;                 //读入前 k 个素数
            cout<<"第"<<k<<"个素数是:"<<j<<endl;
            cout<<"输入要显示的素数的序号(1~100)";
            cin>>k;
        }
        iprimef.close();
        return 0;
    }
    bool IsPrime(int n){
        int i,k;
        k=(int)sqrt(n);i=1;
        while (++i<=k)
            if (n%i==0)
                return false;
        return true;
    }
```

◇ 案例解析

　　案例产生前 100 个素数,以文本格式存入文件中。因为每个文本形式的素数在文件中占用的字节数不等,因此没法确定要求读取的第 k 个素数在文件中的位置,只能从文件头依次读入前 k 个数据。需注意的是:在下一次读取其他素数前,必须将文件的读指针移动到文件的起始处 iprimef.seekg(0,ios::beg)。

　　3. 二进制文件的读写。

　　改写案例 1,将素数以二进制形式保存在文件中,然后再读入指定的第 n(n<=100)

个素数。

编写程序如下：

```cpp
#include <iostream>
#include <fstream>
#include <cmath>
using namespace std;
bool IsPrime(int);
int main(){
    int i,j,k=1;
    const int N=100;
    ofstream oprimef("e:\\prime.dat",ios::out|ios::binary);   //打开写文件
    ifstream iprimef;
    i=2;
    oprimef.write((char *)&i,sizeof(int));                    //以二进制形式写入第1个素数
    for(i=3; ;i=i+2){
        if(IsPrime(i)){
            oprimef.write((char *)&i,sizeof(int));            //以二进制形式写入第i个素数
            k++;
            if(k==100)break;
        }
    }
    oprimef.close();
    iprimef.open("e:\\prime.dat",ios::in|ios::binary);        //打开读文件
    cout<<"输入要显示的素数的序号(1~100)";
    cin>>k;
    while(k>0 && k<101){
        iprimef.seekg((k-1) * sizeof(int),ios::beg);          //将文件读指针移到(k-1) * sizeof(int)处
        iprimef.read((char *)&j,sizeof(int));                 //读入第k个素数
        cout<<"第"<<k<<"个素数是:"<<j<<endl;
        cout<<"输入要显示的素数的序号(1~100)";
        cin>>k;
    }
    iprimef.close();
    return 0;
}
bool IsPrime(int n){
    int i,k;
    k=(int)sqrt(n);i=1;
    while (++i<=k)
        if (n%i==0)
            return false;
```

```
        return true;
    }
```

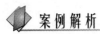 案例解析

　　以二进制形式保存数据,则同类型的数据在文件中占用的字节数相同。第 k 个数据在文件中的位置在"数据长度*(k−1)"处,可以直接将指针定位到该处读取指定数据。因此二进制文件可以随机读写。

　　三、实验题

　　1.按如下要求处理一个文本文件:打开该文件,逐行读入,读入后在该行前加入"行号和冒号",行号从 1 开始。显示该行,并将加入"行号和冒号"的文本保存到另一个文件中。

　　2.建立实验十一中实验案例的 Time 类对象数组。将这些对象以二进制形式保存在文件中。然后再打开二进制文件,以随机方式读入 Time 对象,并显示。

　　3.建立实验十七中实验题 1、2 的复数类 Complex 对象数组,存入文本文件,其中复数以"(实部,虚部)"的格式存入,再顺序读入文件中 Complex 对象,并显示。

*实验二十三　异常处理

　　一、实验目的

　　1.理解C++异常处理的概念,异常处理的过程、原理。
　　2.掌握C++异常处理机制、基本方法并在程序中正确使用异常处理。

　　二、实验案例

　　1.自定义异常处理类,处理普通函数中除数为 0 的异常。

```cpp
#include<iostream>
using namespace std;
class Zero_Except{
public:
    Zero_Except():except_mess("Exception by dividing zero!"){};
    const char * what()const{return except_mess;}
private:
    const char * except_mess;
};
int Divide(int x, int y){
    if(y==0)throw Zero_Except();
    return x/y;
}
```

```
int main(){
    try{
        cout<<"5/2="<<Divide(5，2)<<endl；
        cout<<"8/0="<<Divide(8，0)<<endl；
        cout<<"7/1="<<Divide(7，1)<<endl；
    }
    catch(Zero_Except& ze){
        cout<<"Exception is："<<ze. what()<<endl；
    }
    return 0；
}
```

程序的运行结果为：

5/2＝2

Exception is：Exception by deviding zero！

案例解析

本例中设计了一个简单的异常处理类 Zero_Except，当除数为 0 时，Divide 函数抛出一个 Zero_Except 对象，被 catch 捕获后，简单地显示"Exception is：Exception by deviding zero!"后结束程序运行，不再执行"cout<<"7/1="<<Divide(7，1)<<endl；"语句。

2.访问文件时的异常处理。

在教材第九章例 9-12 公司人员管理程序中的各类人员信息保存在文件中。考虑到在访问文件时，如果文件不存在或其他原因，文件不能正常打开，则程序将不能处理。为此在此案例中，增加对访问文件异常处理功能：当打开一个输入文件时，如果文件不存在，程序将抛出异常并退出。

(1)定义文件异常处理类 FileException，在构造函数中初始化成员 message(message 中包含出错信息)，成员函数 what 返回出错信息。

(2)在主函数的 try 块中打开文件，如果发生异常，则抛出 FileException 类对象，在 catch 中捕获该异常对象进行处理。

编写程序如下：

```
#include<iostream>
#include<fstream>
#include"employee. h"
using namespace std；
class FileException {
public：
    FileException() ：message( "File is not created!" ) { }
    const char * what() const { return message; }
private：
```

```
            const char * message;
        };

    int main(){
        ifstream infile("employee.txt",ios::in);        //创建一个输入文件流对象
        try {
          if (! infile)
            throw FileException();                      //抛出异常
        }
        catch(FileException& fe ) {                      //捕捉异常
            cout<<fe.what()<<endl;                       //输出异常
            exit(0);                                     //退出程序
        }
        cout<<"从文件中读取信息并显示如下:"<<endl;
        char line[100];
        for(int i=0;i<4;i++){
            infile.getline(line,100);
            cout<<line<<endl;
        }
        infile.close();
        return 0;
    }
```

如果指定的文件不存在,则程序的运行结果为:

File is not created!

如果指定的文件存在,则程序正常读取文件中的数据并显示。

案例解析

本案例中,自定义了一个文件异常类 FileException,该类有一个成员函数 what()。当文件建立失败时,程序抛出 FileException 对象,经 catch (FileException& fe)捕获后,对象调用 what()函数显示出错信息。

三、实验题

实验十七运算符重载实验案例中定义了 Words 类,并且重载了下标运算"[]"。重写该运算符重载函数 char& operator[](int i),使其具有判断下标值 i 是否合法的功能。如果下标值越界,则函数抛出一个 Out_of_range 异常。

第二部分

课程实训

一、实训的性质、目的、任务和要求

1. 性质

本实训是学生在学习完"C++程序设计"课程后,为巩固理论学习的内容,为提高学生综合运用面向对象的关键技术解决实际问题的能力进行的训练。

2. 目的

(1)使学生通过实践环节深入理解和掌握课堂教学内容,进一步加深理解面向对象的基本理论,掌握基本方法、基本技术。

(2)通过设计一个功能比较完整,有实际应用价值的程序,使学生掌握面向对象程序设计的全过程,提高学生使用面向对象方法解决实际问题的能力。

(3)通过本训练,掌握根据具体任务要求,进行软件设计、调试的具体方法、步骤和技巧。对一个实际课题的软件设计有基本了解,激发继续学习和研究的愿望,为学习后续课程做好准备。

3. 任务和要求

采用研究型学习方式,具体包括自学、指导教师讨论、同学间交流,遵循面向对象的软件工程方法,经过面向对象的分析(OOA)、面向对象的设计(OOD)、面向对象的编程(OOP)、面向对象的测试(OOT)等步骤,在规定课时内(一般为1~2周)完成一个功能相对完整的应用程序,并提交源程序和设计报告。

二、实训知识点

1. 类的定义、继承和派生、多态;

2. 类成员的3种访问控制;

3. 程序的3种流程控制结构以及相互嵌套使用;

4. 数组的定义和各种常用处理;

5. 指针的使用;

6. 链表的建立和各种常用处理;

7. 文件流的定义、文件的读写;

8. 多文件结构;

9. 异常处理机制;

10. 程序调试技术。

三、实训步骤

1.面向对象需求分析

(1)系统应具备的功能;

(2)识别类和对象;

(3)确定类之间关系。

2.面向对象的系统结构设计

(1)将整个系统功能分块,考虑各个功能模块应具备的功能及模块间的联系,并划分成不同的子系统进行设计;

(2)数据设计,设计类的数据成员;

(3)接口设计,设计类的操作函数;

*(4)过程设计,借助设计模型分析完成系统功能的构造。

3.面向对象代码设计

在上述阶段的基础上编写代码。

4.面向对象的软件测试

(1)设计测试用例;

(2)选择测试技术;

(3)对编制的程序进行功能测试、结构测试等,发现存在错误(包括潜在的问题),进行修改、完善。

四、实训提交材料

1.每个学生以自己的学号建一个文件夹,存放所有.cpp 文件和.h 文件,通过网络提交。

2.设计报告,内容包括:

(1)课题设计内容、具备的功能;

(2)模块的划分、各模块的功能;

(3)类的设计;

(4)程序设计过程、调试中所用的测试用例、测试方法、程序运行的结果;

(5)设计中遇到的问题和解决的方法,还没有解决的问题;

(6)设计的体会和收获。

五、实训参考题目

该实训属于研究型、创新型、自主型学习。在教师指导下,学生可根据自己的兴趣自行确定设计内容进行研究、设计,从中主动地获取知识、运用知识,加深对理论的理解,培养解决问题的能力,也可由老师提供参考课题供学生选择。

1.学生成绩管理系统

【设计内容】

系统存储所有学生信息,包括每个学生的学号、姓名、性别、3 门课程成绩和总成绩。

系统功能：

(1)初始化,包括文件的创建和从学生数据文件中读取所有学生信息;

(2)添加学生数据,包括学号、姓名、性别、3门课程成绩,计算总成绩并显示;

(3)修改学生数据:输入学号,根据学号修改该生的 3 项成绩数据,计算总成绩并显示;

(4)删除一个学生:输入学号,根据学号删除该生;

(5)根据学号查询:输入学号,查找该生并显示学生数据;

(6)显示全部学生数据;

(7)根据学号对学生数据排序;

(8)根据总成绩对学生数据排序;

(9)退出:保存学生数据到文件中,然后结束程序运行。

【系统设计要求】

(1)根据题目要求,对问题进行需求调查和分析,识别类和对象,合理设计学生类;

(2)合理设计程序结构,系统各项功能要求在函数中实现;

(3)输入输出要求使用提取运算符和插入运算符的重载函数实现;

(4)设计过程中必须考虑程序的健壮性,有异常处理。

2.高校人员信息管理系统

【设计内容】

系统存储某高校人员信息。主要有四类人员:教师、实验员、行政人员,教师兼行政人员。所有人员信息包括:工号、姓名、性别、年龄、入校时间、职称、所在学院/部门等。另外,教师还包含的信息有:所在系、专业;实验员还包含的信息有:所在实验室;行政人员还包含的信息有:职务、职级等。

系统功能要求如下:

(1)初始化:从文件中读取所有人员信息;

(2)添加某类人员信息;

(3)删除某类人员信息;

(4)修改某人员的部分信息;

(5)根据工号或姓名查询人员信息;

(6)显示所有人员信息或者按类别显示人员信息;

(7)能根据多种参数进行人员统计,如各类人员总数、男、女教工数、教授人数等;

(8)退出:保存所有人员信息到文件中。

【系统设计要求】

(1)根据题目要求,对问题进行需求调查和分析,识别类和对象,合理设计各人员类;

(2)合理设计程序结构,系统各项功能要求在函数中实现;

(3)输入输出要求使用提取运算符和插入运算符的重载函数实现;

(4)设计过程中必须考虑程序的健壮性,有无异常处理。

3.学校图书管理系统

【设计内容】

系统存储以下信息：

(1)图书信息,包括编号(应是图书的唯一标识符)、分类号、书名、作者、出版社、出版日期、单价、是否借出;

(2)借阅者信息,包括编号、姓名、性别、部门、类别(学生、教师)、允许最多借书册数、借阅期限;

(3)借书登记表,包括图书编号、借阅者编号、借书日期、归还日期。

系统功能：

(1)系统初始化:包括图书信息、借阅者信息、借书登记表的读取;

(2)添加、修改、删除图书信息;

(3)添加、修改、删除借阅者信息;

(4)根据书名查询图书,如已借出,显示借阅者信息;

(5)借书:判断借阅者是否超出最大允许借书册数,书库中是否还有该书可借,满足条件的进行借书登记,不满足条件的给出提示信息;

(6)还书:修改借书登记和图书信息中的相关信息;

(7)统计并显示过期未还的图书;

(8)查询借阅者的借书情况;

(9)退出:保存所有信息到文件中。

【系统设计要求】

(1)根据题目要求,对问题进行需求调查和分析,识别类和对象,合理设计各类;

(2)合理设计程序结构,系统各项功能要求在函数中实现;

(3)输入输出要求使用提取运算符和插入运算符的重载函数实现;

(4)设计过程中必须考虑程序的健壮性,有异常处理。

4. 21点扑克牌游戏

【设计内容】

该程序模拟21点扑克牌游戏,玩家最多可要5张牌,但如果牌的点数之和超过21点,则自动出局,在不超过21点的情况下,玩家与庄家(计算机)比牌的点数大小,大者为赢家。系统存储每个玩家的ID号、赌本。

系统功能：

(1)系统初始化:从文件中读取每个玩家的ID号和赌本;

(2)选择玩家ID号开始游戏,也可作为新玩家另起一ID号开始游戏;

(3)游戏开始后玩家下赌注,每次要完牌后玩家可以根据牌面点数决定是否加注;

(4)显示游戏输赢结果;

(5)退出:将玩家信息存入文件。

【系统设计要求】

(1)根据题目要求,对问题进行需求调查和分析,识别类和对象。

(2)合理设计程序结构,系统各项功能要求在函数中实现。

(3)设计过程中必须考虑程序的健壮性,有异常处理。

六、参考示例

参考题目中第1题"学生成绩管理系统"具有建立、修改、查询、排序、显示学生成绩等功能,学生数据用数组或链表存储。如学生数据存放在一个带头尾指针和头结点的双链表中,每个学生的数据作为一个结点。数据结构见图2-1所示。

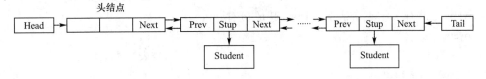

图 2-1　数据结构示意图

1.有关类定义如下

(1)定义学生类 CStudent,成员有:

protected:

int ID;	//学号
string Name;	//姓名
char Gender;	//性别
int Score[4];	//成绩

public:

CStudent(int=0,　string="",char='M', int * =NULL);	//构造函数
CStudent(CStudent&);	//复制构造函数
～CStudent(){}	//析构函数
bool operator ＜(CStudent&);	//重载函数,完成总成绩的＜比较
bool operator ＞＝(CStudent&);	//重载函数,完成总成绩的＞＝比较
int Compare(CStudent *);	//比较学号
void PrintTitle();	//显示标题
void PrintOne();	//显示一个学生数据
void SetID();	//输入学号
void SetName();	//输入姓名
void SetGender();	//输入性别
void SetScore();	//输入成绩
friend ostream& operator<<(ostream&,CStudent&);	//<<运算符重载
friend istream& operator>>(istream&,CStudent&);	//>>运算符重载
friend class CList;	//CList 为友员类
friend class CNode;	//CNode 为友员类

(2)定义结点类 CNode,成员有:

private:

CStudent * stup;	//指向学生对象指针
CNode * Prev, * Next;	//指向前后结点指针

public:

CNode();	//构造函数

```
    CNode(CStudent * );                              //构造函数
    CNode(CNode&);                                   //复制构造函数
    ~CNode();                                        //析构函数
    CNode& operator＝(CNode&);                        //赋值运算符重载函数
    void SwapData(CNode * );                          //交换结点的 Perp 指针值
    friend class CList;                              //CList 为友员类
```

(3)定义带有头结点链表类 CList,其成员有:

```
private:
    CNode * Head, * Tail;                            //链表头尾指针
    void ClearList();                                //清空链表
public:
    CList();                                         //构造函数
    CList(CList&);                                   //复制构造函数
    ~CList();                                        //析构函数
    void ReadData();                                 //初始化链表
    void InsertNode(CNode * );                        //插入一个结点
    CNode * CreateNode();                            //建立一个学生结点
    CNode * CreateNode(CStudent * );                 //建立一个学生结点
    CNode * CreateNode(CNode&);                      //建立一个学生结点
    CList& operator＝(CList&);                        //＝运算符重载
    void Add(CStudent * );                            //增加一个学生
    void Update(CStudent * );                         //修改学生成绩
    void Delete(CStudent * );                         //删除一个学生
    void Query(CStudent * );                          //查找一个学生
    void SortID();                                    //按学号排序
    void SortScore();                                 //按学生总成绩排序
    void PrintList();                                 //显示链表
    void SaveData();                                  //将数据保存在二进制文件中
```

(4)主函数:主函数中显示功能菜单,通过菜单调用类的成员函数实现系统各项功能。程序结束运行前,以二进制形式保存学生数据到文件 student. dat 中。

编写程序如下:

```
# include <iostream>
# include <fstream>
# include "student. h"            // student. h 头文件中包含之前的类定义
int EnterChoice();                //输入选项
enum Choices { READ = 0, ADD, UPDATE, DELETE, QUERY, DISPLAY, SORTID,
SORTSCORE,END};

int main(){
    CList ls;
    CStudent * p;
```

```
int choice;
while((choice=EnterChoice())!=END){
    switch(choice){
        case READ:
            ls.ReadData();break;
        case ADD:
            p=new CStudent;
            p->SetID();
            try{
                ls.Add(p);
            }
            catch(int){
                cout<<"This ID is equal to other student's ID"<<endl;
                delete p;
            }
            break;
        case UPDATE:
            p=new CStudent;
            p->SetID();
            try{
                ls.Update(p);
            }
            catch(int){
                cout<<"This student's ID is not found"<<endl;
            }
            delete p;
            break;
        case DELETE:
            p=new CStudent;
            p->SetID();
            try{
                ls.Delete(p);
            }
            catch(int){
                cout<<"This student's ID is not found"<<endl;
            }
            delete p;
            break;
        case QUERY:
            p=new CStudent;
            p->SetID();
            try{
```

```
                    ls. Query(p);
                }
                catch(int){
                    cout<<"This student's ID is not found"<<endl;
                }
                delete p;
                break;
            case DISPLAY:
                ls. PrintList();
                break;
            case SORTID:                //根据学号排序
                ls. SortID();
                break;
            case SORTSCORE:             //根据总成绩排序
                ls. SortScore();
                break;
            default:
                cerr<<"Incorrect choice\n";
            }
        }
        ls. SaveData();                 //保存学生数据
        return 0;
    }
int EnterChoice(){
    cout<<"\nEnter  your  Choice\n"
    <<"0: Read student\t\t\t1: Add student\n"
    <<"2: Update student\t\t3: Delete student\n"
    <<"4: Query student\t\t5: Display students\n"
    <<"6: Sort student by ID\t\t7: Sort student by score\n"
    <<"8: End\n";
    int menuChoice;
    cin>> menuChoice;
    return menuChoice;
}
```

2.设计内容：完成 Cstudent、CNode、Clist 类的所有成员函数。要求设计过程中考虑程序的健壮性,在关键处有异常处理。

第三部分

自我测试

第一章　C++基础

一、简答题

1. 简述C++程序的开发过程。

2. 什么是变量，什么是常量，什么是文字常量？

3. 简述字符与字符串在表示、存储等方面的区别。

4. 简述表达式求解过程中数据类型转换的规则。

二、单选题

1. C++语言对 C 语言做了很多改进，从面向过程变成为面向对象的主要标志是(　　)。

A. 增加了一些新的运算符

B. 允许函数重载，并允许设置默认参数

C. 规定函数说明符必须用原型

D. 引进了类和对象的概念

2. 有说明 int a＝0；double x＝5.16；以下语句中(　　)属于编译错误。

A．a＝a％x;　　　　B．x＝x/a;　　　　C．x＝a/x;　　　　D．x＝x＊a;

3. 执行C++程序时出现的"溢出"错误属于(　　)错误。

A. 编译　　　　　　B. 连接　　　　　　C. 运行　　　　　　D. 逻辑

4. 下列选项中，全部都是C++关键字的选项为(　　)。

A. while IF Static　　　　　　　　　B. break char go

C. sizeof case extern　　　　　　　　D. switch float integer

5. 按C++标识符的语法规定，合法的标识符是(　　)。

A. _abc　　　　　　B. new　　　　　　C. π　　　　　　D. "age"

6. 在下列选项中，全部都合法的浮点型数据的选项为(　　)。

A. －le3.5 15. 2e－4　　　　　　　B. 12.34 －le＋5 0.1E－12

C. 0.2e－2 e5　　　　　　　　　　　D. 5.0e (1＋4) 0.1 8e＋2

7. 下列选项中，(　　)不能实现交换a和b变量的值。

A. t＝b; b＝a; a＝t;　　　　　　　　B. a＝a＋b; b＝a－b; a＝a－b;

C. t＝a；　a＝b；　b＝t； 　　　　　　　　D. a＝b；　b＝a；

8. 在下列运算符中，（　　）优先级最高。

A. ＜＝　　　　　　　B. ＊＝　　　　　　　C. ＋　　　　　　　D. ＊

9. 在下列运算符中，（　　）优先级最低。

A. ！　　　　　　　B. ＆＆　　　　　　　C. ！＝　　　　　　D. ？：

10. 结合性为从左往右的运算符是（　　）。

A. ＊（间接引用）　　B. ＋　　　　　　　C. ＝　　　　　　　D. ？：

11. 设 X 为整型变量，不能正确表达数学关系 1＜X＜5 的C++逻辑表达式是（　　）。

A. 1＜X＜5　　　　　　　　　　　　　B. X＝＝2‖X＝＝3‖X＝＝4

C. 1＜X＆＆X＜5　　　　　　　　　　D. ！（X＜＝1）＆＆！（X＞＝5）

12. 已知 int x＝5；执行下列语句后，x 的值为（　　）。

x ＋＝ x－＝x ＊ x；

A. 25　　　　　　　B. 40　　　　　　　C. －40　　　　　　D. 20

13. 设 int a＝1,b＝2,c＝3,d＝4；则以下条件表达式的值为（　　）。

a＞b? a：c＜d ? c:d

A. 1　　　　　　　　B. 2　　　　　　　　C. 3　　　　　　　D. 4

14. （　　）将C++源程序生成目标程序。

A. 解释程序　　　　B. 编译程序　　　　C. 连接程序　　　　D. 汇编程序

15. a，b 均为整数且不等于 0，表达式 a / b ＊ b ＋ a ％ b 的值为（　　）

A. a　　　　　　　　B. b　　　　　　　　C. a / b　　　　　　D. a ％ b

三、根据要求写出正确的C++表达式

1. 写出下列算术表达式。

(1) $\dfrac{1}{1+\dfrac{1}{1+\dfrac{1}{x+y}}}$
　　　　　　　　　　(2) $x\{x[x(ax+b)+c]+d\}+e$

(3) $\ln\left(1+\left|\dfrac{a+b}{a-b}\right|^{10}\right)$
　　　　　　　　(4) $\sqrt{1+\dfrac{\pi}{2}\cos45°}$

2. 用关系表达式或逻辑表达式表示下列条件。

(1) i 能被 j 整除；

(2) n 是大于 i，小于 j，k 的整数倍；

(3) a≠b≠c；

(4) y∉[－100,－10]，并且 y∉[10,100]；

(5) 坐标点(x,y)，落在以(10,20)为圆心，以 35 为半径的圆内；

(6) 三条边 a、b 和 c 构成三角形。

四、写出程序运行结果

1. ＃include＜iostream＞

using namespace std；

int main(){

```
    int x,y,z,f;
    x=y=z=1;
    f=-x||y-- && z++;
    cout<<"x="<<x<<" y="<<y;
    cout<<" z="<<z<<" f="<<f<<endl;
    return 0；
}
```

2. #include<iostream>
using namespace std;
int main(){
```
    int a;
    float f;
    char ch1,ch2;
    cin>>a>>f>>ch1>>ch2;
    cout<<"a="<<a<<",f="<<f<<",ch1="<<ch1<<",ch2="<<ch2<<endl;
    return 0;
}
```
第一次运行输入：3 1.8 cd
第二次运行输入：3 1.8 c d
运行结果分别为？

第二章 程序控制结构

一、简答题

1. C++中有几种选择语句？归纳它们的语法形式、应用场合。

2. 归纳比较C++中几种循环控制语句的表示形式及执行流程,指出其异同点。

3. 举例说明 break、continue 的异同点。

二、单选题

1. 对 if 语句中的表达式的类型,下面描述正确的是(   )。

A. 必须是关系表达式

B. 必须是关系表达式或逻辑表达式

C. 必须是关系表达式或算术表达式

D. 可以是任意表达式

2. 与 for(表达式 1；表达式 2；表达式 3)功能相同的语句为(   )。

A. 表达式 1；   B. 表达式 1；
  while(表达式 2){   while(表达式 2){
      循环体；   表达式 3；
      表达式 3；}   循环体；}

C.表达式 1；
　do{
　　　循环体；
　　　表达式 3；
　　}while(表达式 2)；

D. do{
　　　　表达式 1；
　　　　循环体；
　　　　表达式 3；
　　　} while(表达式 2)；

3.以下程序输出结果为(　　　)。
```
int main() {
    int x(1),a(0),b(0);
    switch(x){
        case 0：b++；
        case 1：a++；
        case 2：a++；b++；
    }
    cout<< "a="<<a<<" , b="<<b;
    return 0;
}
```
A. a=1,b=1　　　　B. a=2,b=1　　　　C. a=1,b=0　　　　D. a=2,b=2

4.已知 int i=0,x=0;下面 while 语句执行时的循环次数为(　　　)。
while(! x && i<3) {x++;i++;}
A. 4　　　　　　　B. 3　　　　　　　C. 2　　　　　　　D. 1

5.以下形成死循环的程序段是(　　　)。
A. for(int x=0;x<3;){x++;};
B. int k=0; do{++k;} while(k>=0);
C. int a=5;while(a){a--;};
D. int i=3;for(; i ; i--);

6.语句 while(! E) 中的表达式! E 等价于(　　　)。
A. E==0　　　　B. E! =1　　　　C. E! =0　　　　D. E==1

7.执行程序 int i=1, sum=0 ; while (i++<=10) sum+=i ;后 sum 的值为(　　　)。
A. 45　　　　　　B. 55　　　　　　C. 65　　　　　　D. 75

8.程序如下,该程序运行结果是(　　　)。
int i=5; while (i); --i;
A.死循环　　　　B.循环 5 次　　　　C.循环 4 次　　　　D.不构成循环

三、写出程序运行结果

```
1. #include<iostream>
using namespace std;
int main(){
    int a,b,c,d,x;
    a=c=0; b=1;d=20;
    if(a) d=d-10;
```

```
        else if(! b)
            if(! c)
                    x=15;
            else x=25;
        cout<<d<<endl;
        return 0;
}
```

2.
```
#include<iostream>
using namespace std;
int main(){
    int a=0, b=1;
    switch(a){
        case 0:
            switch(b){
                case 0:cout<<"a= "<<a<<" b= "<<b<<endl; break;
                case 1:cout<<"a= "<<a<<" b= "<<b<<endl; break;
            }
        case 1:a++; b++; cout<<"a= "<<a<<" b= "<<b<<endl;
    }
    return 0;
}
```

3.
```
#include<iostream>
using namespace std;
int main(){
    int i=1;
    while(i<=10)
        if(++i%3! =1)
            continue;
        else
            cout<<i<<'\t';
    return 0;
}
```

4.
```
#include<iostream>
using namespace std;
int main(){
    int i,j,x=0;
    for(i=0;i<=3;i++){
        x++;
        for(j=0;j<=3;j++){
            if(j%2) continue;
            x++;
```

```
        }
        x++;
    }
    cout<<"x="<<x<<endl;
    return 0;
}
```

(1)程序运行结果是什么？

(2)如果将程序中的 continue 换成 break，程序运行结果是什么？

第三章　函　数

一、简答题

1.函数的作用是什么，如何定义函数？什么叫函数原型，什么情况下需要进行函数原型声明？

2.什么叫形式参数，什么叫实际参数，C++函数参数有几种不同的传递方式？

3.C++函数通过什么方式传递返回值？

4.简述内联函数使用要求，函数默认值及重载函数的使用规则。

5.变量的生存期和变量作用域有什么区别？请举例说明。

6.静态局部变量有什么特点？

7.简述多文件结构的作用，文件包含指令 include 后中尖括号和双引号的区别。

二、单选题

1.C++中正确的函数声明形式为（　　）。

A. int fun(int x,int y);   B. int fun(int x; int y);

C. int fun(int=0,int);   D. int fun(int x, y);

2.C++语言中规定函数的返回值的类型是由（　　）决定。

A. return 语句中的表达式类型

B. 调用该函数时的主调函数类型

C. 调用该函数时系统临时确定

D. 该函数的函数类型

3.若有函数调用语句：fun(a+b, sin(x), (x,y,z))；此调用语句中的实参个数为（　　）。

A. 3   B. 4   C. 5   D. 6

4.C++中，关于默认形参值，正确的描述是（　　）。

A. 设置默认形参值时，形参名不能缺省

B. 只能在函数定义时设置默认形参值

C. 应该先从右边的形参开始向左边依次设置

D. 应该为所有参数全部设置默认值

5.若同时定义了如下函数，fun(8,3.1)调用的是下列哪个函数（　　）。

A. void fun(float,int)   B. void fun(double,double)

C. void fun(char,float)   D. void fun(double,int)

6.下列的描述中(   )是错误的。

A.使用全局变量可以从被调用函数中获取多个操作结果

B.局部变量可以初始化,若不初始化,则初值为 0

C.当函数调用完后,静态局部变量的值不会消失

D.任何类型的全局变量若不初始化,初值均为 0

7.下列选项中,(   )具有文件作用域。

A.函数形参   B.局部变量   C.全局变量   D.静态变量

8.对函数错误的描述是(   )。

A.函数可以嵌套定义和调用

B.函数中可以没有,也可以有一个或多个 return 语句,但函数最多只能返回一个值

C.函数原形声明时,形式参数名可以不写,即省略

D.调用类型为 void 的函数时,调用语句不能出现在表达式中

三、写出程序运行结果

1.
```cpp
#include<iostream>
#include<cmath>
using namespace std;
int f( int);
int main(){
    int i;
    for( i=0; i<3; i++)
      cout<<f(i)<<endl;
    return 0;
}
int f(int a){
    int b=0,c=1;
    b++;c++;
    return (a+pow(b, 2)+c);
}
```

2.
```cpp
#include<iostream>
using namespace std;
void func(int a, int b, int c=3, int d=4);
int main(){
    func( 10, 15, 20, 30);
    func( 10, 11,12);
    func(12,12);
    return 0;
}
void func( int a, int b, int c, int d){
```

```cpp
    cout<<a<<'\t'<<b<<'\t'<<c<<'\t'<<d<<endl;
}
```

3.
```cpp
#include<iostream>
using namespace std;
int f2(int, int);
int f1(int a,int b){
    int c;
    a+=a;b+=b;
    c=f2( a+b,b+1);
    return c;
}
int f2( int a,int b){
    int c;
    c=b%2;
    return a+c;
}
int main(){
    int a=3,b=4;
    cout<<f1(a,b)<<endl;
    return 0;
}
```

4.
```cpp
#include <iostream>
using namespace std;
int age( int n){
    int f;
    if(n==1) f=10;
    else f=age(n-1)+2;
    return f;
}
int main(){
    cout<<"age:"<<age( 5)<<endl;
    return 0;
}
```

5.
```cpp
#include <iostream>
using namespace std;
int reverse(int n,int v){
    return n==0 ? v:reverse(n/10,v * 10+n%10);
}
int main(){
    int a=12345,v=0;
    cout<<a<<endl;
```

```
        cout<<reverse(a,v)<<endl;
        return 0;
    }
```

第四章 数组、指针与字符串

一、简答题

1.用一维数组名作函数参数和用一维数组元素作函数参数的作用是否相同,为什么? 函数参数是数组名时,传递给函数参数的是什么?

2.是否可以定义一个指向一维数组的指针,指向二维数组 n[4][3]或 m[3][4]? 为什么?

3.指针变量与整型量的加减运算代表什么意义?

4.两个指向普通变量的指针进行减运算是否有意义,为什么?

5.简述指针型函数和指向函数的指针的区别,分别写出这样两个指针。

6.简述 C 风格字符串与 string 字符串的主要区别。

二、单选题

1.对一维数组 a 的正确定义是(　　)。

A. const int N=5;int a[N];　　　　　　B. int a (5);

C. int n=5, a[n];　　　　　　　　　　D. int n; cin>>n; int a[n];

2.对于类型相同的两个指针变量,不能进行的运算是(　　)。

A. <　　　　　　B. =　　　　　　C. +　　　　　　D. −

3.若有语句 int a=4,* point=&a;下面均代表地址的一组选项是(　　)。

A. a,point,* &a　　　　　　　　B. & * a,&a,* point

C. * &point,* point,&a　　　　　　D. &a,& * point,point

4.已有定义 int k=2;int * ptr1,* ptr2;且 ptr1 和 ptr2 均已指向变量 k,下面不能正确执行的赋值语句是(　　)。

A. k= * ptr1+ * ptrl2　　　　　　B. ptr2=k

C. ptr1=ptr2　　　　　　　　　　D. k= * ptr1 * (* ptr2)

5.执行程序 int a, * p=&a;* p=10; (* p)++;a++后,a 的值为(　　)。

A. 10　　　　　　B. 11　　　　　　C. 12　　　　　　D. 不定

6. 声明 int a[10], * p=a 后,(　　)与 a[i]含义不同。

A. * (p+i)　　　B. p[i]　　　C. * &a[i]　　　D. a+i

7.已知 int a[10]=={0,1,2,3,4,5,6,7,8,9},* p=a;则不能表示数组 a 中元素的选项是(　　)。

A. * a　　　　　　B. * p　　　　　　C. a　　　　　　D. a[p−a]

8.已知 int a[]={0,2,4,6,8,10},* p=a+1;其值等于 0 的表达式是(　　)。

A. * (p++)　　　B. * (++p)　　　C. * (p−−)　　　D. * (−−p)

9.已知 char * a[]={"fortran","basic","pascal","java","c++"};则语句 cout<<a

[3];的显示结果是(   )。

    A. t   B. 一个地址值   C. java   D. javac++

10. 设有语句 int array[3][4];则在下面通过下标 i 和 j 引用数组元素的方法中,不正确的引用方式是(   )。

    A. array[i][j]   B. *(array+i*4+j)

    C. *(array[i]+j)   D. *(*(array+i)+j)

11. 函数原型为 void fun(int(*p)[3],int),调用形式为 fun(a,2),则 a 的定义应该为(   )。

    A. int (*a)[3]   B. int a[ ][3]

    C. int **a   D. int a[3]

12. 已知 p 是一个指向结构体 Sample 成员 m 的指针,S 是结构体 Sample 的一个变量。如果要给 m 赋值为 5,正确的是(   )。

    A. S. P=5   B. S->P=5   C. S. *P=5   D. *S. P=5

13. 下面程序段的运行结果是(   )。

char *p="abcdefgh";

p+=3;

cout<<strlen(strcpy(p,"ABCD"));

    A. 8   B. 12   C. 4   D. 出错

14. 当定义 const char *p="ABC";时,下列语句正确的是(   )

    A. char *q=p;   B. p[0]='B';   C. *p='\0';   D. p=NULL;

15. "strcat(strcpy(str1,str2),str3)"的功能是(   )。

    A. 将字符串 str1 复制到字符串 str2 中后再连接到字符串 str3 之后

    B. 将字符串 str1 连接到字符串 str2 之后再复制到字符串 str3 中

    C. 将字符串 str2 复制到字符串 str1 中,再将字符串 str3 连接到 str1 后

    D. 将字符串 str2 连接到字符串 str1 之后再复制到字符串 str3 中

16. 已知有职工情况结构变量 emp 定义为:

```
struct Employee{
    charname[20];
    long code;
    struct{
        int year, month, day;
    }birth;
}emp;
```

下列对 birth 的正确赋值方法是(   )。

    A. year=1980; month=5; day=1;

    B. birth. year=1980; birth. month=5;   birthday=1;

    C. emp. year=1980; emp. month=5;emp. day=1;

    D. emp. birth. year=1980; emp. birth. month=5;emp. birth. day=1;

三、写出程序运行结果

1.
```cpp
#include <iostream>
using namespace std;
int main(){
    char s[]={"12121"},i=0;
    while(s[++i]!=0)
        if(s[i-1]=='1')
            cout<<s[i];
    return 0;
}
```

2.
```cpp
#include <iostream>
using namespace std;
int main(){
    int k,p;
    int s[]={1,-9,7,12,-3,0};
    for(p=k=0;p<6;p++)
        if(s[p]>s[k])
            k=p;
    cout<<k<<endl;
    return 0;
}
```

3.
```cpp
#include <iostream>
#include <iomanip>
using namespace std;
const int N=5;
int main(){
    int i,j;
    int b[N][N]={0},(*p)[N]=b;
    for(i=0;i<N;i++){
        *(*(p+i))=*(*(p+i)+i)=1;
        for(j=1;j<i;j++)
            *(*(p+i)+j)=*(*(p+i-1)+j-1)+*(*(p+i-1)+j);
    }
    for(i=0;i<N;i++){
        for(j=0;j<N-i-1;j++)cout <<"    ";              //字符串内4个空格
            for(j=0;j<=i;j++)
                cout<<setw(4)<<*(*(p+i)+j)<<"    ";      //字符串内4个空格
        cout<<endl;
    }
    return 0;
}
```

说明：setw(4)设置其后第一个插入运算符的输出数据宽度，若数据不足 4 个字符的宽度，左补空格，超过则按数据实际宽度输出。

4. ＃include ＜iostream＞
using namespace std;
int main(){
　　char w[ ][10]={"ABCD","EFGH","IJKL","MNOP"},k;
　　for(k＝1;k＜3;k++) cout＜＜w[k]＜＜endl;
　　return 0;
}

5. ＃include ＜iostream＞
using namespace std;
long change(char * s){
　　long x＝0;
　　while(* s){
　　　　x＝x * 10＋ * s－'0';
　　　　s++;
　　}
　　return x;
}
int main(){
　　char s[20]="30047896";
　　long l;
　　l＝change(s);
　　cout＜＜l＜＜endl;
　　return 0;
}

6. ＃include＜iostream＞
＃include＜iomanip＞
using namespace std;
int main(){
　　int a[6][6];
　　int i,j;
　　for(i＝0;i＜6;i++){
　　　　for(j＝0;j＜6;j++){
　　　　　　if((i＝＝j) || (j＝＝0)) a[i][j]＝1;
　　　　　　else if(j＜i) a[i][j]＝a[i－1][j－1]＋a[i－1][j];
　　　　　　else a[i][j]＝a[i][j－1]＋1;
　　　　　　cout＜＜setw(4)＜＜a[i][j];
　　　　}
　　　　cout＜＜endl;
　　}

```
        return 0；
    }
```

第五章　类与对象

一、简答题

1．什么是类？什么是对象？

2．简要解释面向对象程序设计的封装性。

3．引用作为函数参数时为什么能实现两个实参之间的数据交换？为什么返回值为引用的函数可以作为左值？

4．什么是默认的构造函数？默认的构造函数可以有多少个？什么时候调用复制构造函数？

5．何为深复制，一般在什么情况下需要自定义复制构造函数完成深复制？

6．简述友元关系及其性质。友元关系的优点和缺点各有哪些？

7．类的静态数据成员有何作用？

8．简述 this 指针的作用，是否可以通过 this 指针访问类的静态成员？

9．何为组合类？简述组合类的构造函数的形式、执行顺序。

二、判断题

1．类是对象的抽象、对象是类的具体化。　　　　　　　　　　　　（　　）

2．具有相同属性和行为的对象集合称为类。　　　　　　　　　　　（　　）

3．类的构造函数没有重载形式。　　　　　　　　　　　　　　　　（　　）

4．系统生成的默认的复制构造函数只能完成对象的浅复制。　　　　（　　）

5．组合类构造函数的执行顺序是先执行组合类构造函数的函数体，再执行内嵌对象的构造函数。　　　　　　　　　　　　　　　　　　　　　　　　（　　）

6．若 A 类是 B 类的友元类，则 B 类的所有成员函数都可访问 A 类成员。　（　　）

7．this 指针可以访问类中除静态成员外的其他成员。　　　　　　　（　　）

三、单选题

1．数据封装是将一组数据和与这组数据有关的操作组装在一起，形成一个实体，这实体也就是（　　）。

A．类　　　　　　　　　B．对象　　　　　　　C．函数体　　　　　　D．数据块

2．类的实例化是指（　　）。

A．定义类　　　　　　　　　　　　　B．创建类的对象

C．指明具体类　　　　　　　　　　　D．调用类的成员

3．下列说法中正确的是（　　）。

A．类定义中只能进行函数成员的声明，不能进行函数定义

B．类中的函数成员可以在类中定义，也可以在类外定义

C．类中的函数成员在类外定义时必须与类声明在同一文件中

D．在类外定义的函数成员不能操作该类的私有数据成员

4. 有如下类定义：

```
class sample {
    int n;
public：
    sample (int i=0):n(i){ }
    void setValue(int n0)；
};
```

下列关于 setValue 成员函数的实现中，正确的是（   ）。

A. sample::setValue(int n0){n=n0;}

B. void sample::setValue(int n0){n=n0;}

C. void setValue(int n0){n=n0;}

D. setValue(int n0){n=n0;}

5. 在下面的类定义中，存在语法错误的语句是（   ）。

```
class sample{
public：
    sample(int val)；                //①
    ～sample( )；                     //②
private：
    int a=2.5；                       //③
    sample( )；                       //④
};
```

A. ①   B. ②   C. ③   D. ④

6. 类的构造函数被自动调用执行的情况是在创建该类的（   ）。

A. 函数成员时   B. 数据成员时

C. 对象时   D. 友元函数时

7. （   ）是析构函数的特征。

A. 一个类中只能定义一个析构函数

B. 析构函数名与类名相同

C. 析构函数的定义只能在类体内

D. 析构函数可以有一个或多个参数

8. 在下列函数原型中，可以作为类 AA 的构造函数的是（   ）。

A. void AA(int)；   B. int AA( )；

C. AA(int) const；   D. AA(int)

9. 关于成员函数特征的下述描述中，（   ）是错误的。

A. 成员函数一定是内联函数

B. 成员函数可以重载

C. 成员函数可以设置参数的默认值

D. 成员函数可以是静态的

10. 已知 A 类是 B 类的友元，B 类是 C 类的友元，则（   ）。

A. A 类一定是 C 类的友元

B. C 类一定是类 A 的友元

C. C 类的成员函数可以访问 B 类的对象的任何成员

D. A 类的成员函数可以访问 B 类的对象的任何成员

11. 有如下类定义：

```
class AA{
    int a;
public：
    static int geta() {return a;}          //①
    int getValue( ) const {return a;}      //②
    void seta(int n) const{a＝n;}          //③
    friend void show(AA aa) const {cout<<a;}//④
};
```

其中的四个函数定义中正确的是(   )。

A. ①　　　　　　B. ②　　　　　　C. ③　　　　　　D. ④

12. 有如下类定义：

```
class Test{
public：
    Test( ){a＝0;c＝0;}               //①
    int f(int n) const { a＝n;}        //②
    void h(int m) {b＝m;}             //③
    static int g( ) {return a;}        //④
private：
    int a;
    static int b;
    const int c;
};
int Test::b＝0;
```

在标注号码的行中,能被正确编译的是(   )。

A. ①　　　　　　B. ②　　　　　　C. ③　　　　　　D. ④

13. 下列关于 this 指针的错误描述是(   )

A. 只有类中的非静态成员函数才能使用该指针

B. 语句 return ＊this 中的 ＊this 就是调用成员函数的对象

C. 假设 x 为类中的成员,则 this－＞x 和 (＊this).x 作用相同

D. 用户可以在程序中改变 this 指针的值,以指向不同的对象

14. 设 A 为类,运行程序：A a(x，y)，c；A b(a);过程中 A 类的构造函数被调用了(   )次。

A. 0　　　　　　B. 1　　　　　　C. 2　　　　　　D. 3

15. A 类声明及主函数如下。则程序(   )。

```
＃include <iostream>
```

```cpp
using namespace std；
class A{
    int ＊pi；
public：
    A(int i){
    pi＝new int(i) ；
    if(！ pi){cout＜＜"error"＜＜endl；}
}
～A(){delete   pi；}}；
int main(){A a(5)，  b(a)；}
```

A. 没问题   B. 有问题，存在内存泄漏

C. 有问题，存在对象重复释放   D. B 和 C

四、写出程序执行结果

1.
```cpp
＃include＜iostream＞
using namespace std；
int& f1(int n,int s[])
{
    int& m＝s[n]；
    return m；
}
int main( )
{
    int s[]＝{5,4,3,2,1,0}；
    int size＝sizeof(s)/sizeof(int)；
    f1(3,s)＝10；
    for(int i＝0； i＜size；i＋＋)
    cout＜＜s[i]＜＜"  "；   return 0；
}
```

2.
```cpp
＃include＜iostream＞
using namespace std；
class Test {
public：
    Test( ) { n＋＝2； }
    ～Test( )  { n－＝3；}
    static int getNum( ) { return n；}
private：
    static int n；
}；
int Test::n＝1；
int main( ){
    Test ＊ p ＝ new Test；
```

```cpp
    delete p;
    cout<<"n="<<Test::getNum( )<<endl;
    return 0;
}
```

3.
```cpp
#include<iostream>
using namespace std;
class Location{
    int X,Y;
public:
    Location(int initX,int initY){init(initX,initY);}
    void init (int initX,int initY){X=initX,Y=initY;}
    int GetX(){return X;}
    int GetY(){return Y;}
};
void display(Location& rL){
    cout<<rL.GetX( )<<","<<rL.GetY( )<<"\t";
}
int main(){
    Location A[5]={Location(0,0),Location(1,1),Location(2,2),Location(3,3),Location(4,4)};
    Location *pA=A;
    A[3].init(5,3);
    pA->init(7,8);
    for(int i=0;i<5;i++)
        display(*(pA++));
    return 0;
}
```

4.
```cpp
#include<iostream>
using namespace std;
class AA{
    int n;
public:
    AA(int k):n(k){}
    int get( ) {return n;}
    int get( ) const{ return n+1;}
};
int main( ){
    AA a(5);
    const AA b(6);
    cout<<a.get()<<","<<b.get();
    return 0;
}
```

```cpp
5. #include <iostream>
using namespace std;
class CAndD{
public:
    CAndD(int);
    ~CAndD();
private:
    int value;
};
CAndD:: CAndD(int data){
    value=data;  cout<<value<<"构造"<<endl;
}
CAndD:: ~CAndD(){
    cout<<value<<"析构"<<endl;
}
void Create(void){
    CAndD fourth(4);
    static CAndD fifth(5);
    CAndD sixth(6);
}
int main(){
    CAndD second(2);
    static CAndD third(3);
    Create();
    return 0;
}
```

```cpp
6. #include<iostream>
using namespace std;
class A1{
public:
    A1(int i) {cout<<"constructing A1 "<<i<<endl;}
    ~A1() {cout<<"destructing A1 "<<endl;}
};
class A2{
public:
    A2(){cout<<"constructing A2 "<<endl;}
    ~A2() {cout<<"destructing A2"<<endl;}
};
classB{
public:
    B(int a);memberA1(a)
```

```
        {cout<<"constructing B"<<endl;}
        ~B(){cout<<"destructing B"<<endl;}
    private:
        A1 memberA1;
        A2 memberA2;
};
int main(){
    Bobj(2);
    return 0;
}
```

7.
```
#include<iostream>
using namespace std;
class Test{
        private:
        static int val;
        int a;
        public:
        static int func();
        void sfunc(Test &r);
};
int Test::val=200;
int Test::func(){
    return val++;
}
void Test::sfunc(Test &r){
    r.a=125;
    cout<<"Result3="<<r.a<<endl;
}
int main(){
    cout<<"Result1="<<Test::func()<<endl;
    Test a;
    cout<<"Result2="<<a.func()<<endl;    a.sfunc(a);
    return 0;
}
```

第六章　继承与派生

一、简答题

1.简述派生类的生成过程。

2.简述在三种继承方式下,基类 public、private、protected 成员在派生类中的访问属性。

3. 简述派生类的构造函数、析构函数的执行顺序。

4. 什么是类型兼容规则?

5. 解决多继承中同名成员唯一性标识的方法有哪些?

6. 什么是虚基类,它有什么作用? 含有虚基类的派生类的构造函数有什么要求;什么是最远派生类? 建立一个含有虚基类的派生类的对象时,由哪个派生类的构造函数负责虚基类的初始化?

二、判断题

1. 派生类能够继承基类中的友元函数。   (   )

2. 派生类对基类的初始化顺序是以派生类构造函数中参数总表后的基类顺序从左到右依次进行。   (   )

3. 派生类对象可使用公有继承的基类中所有成员。   (   )

4. 派生类对象可以作为基类对象使用。   (   )

5. 设 B 是基类,D 是派生类。则 B b;D &rd=b;不符合类型兼容规则。(   )

6. 使用虚基类可以解决派生类中从不同路径继承过来的同名数据成员的唯一标识问题。   (   )

三、单选题

1. 对派生类的描述中,错误的是(   )。

A. 一个派生类可以作为另外一个派生类的基类

B. 派生类至少有一个基类

C. 派生类的成员除了自己的成员外,还包含了基类的成员

D. 派生类中继承的基类成员的访问权限到派生类中保持不变

2. 当保护继承时,基类的(   )在派生类中成为保护成员,不能通过派生类的对象来直接访问。

A. 任何成员   B. 公有成员和保护成员

C. 公有成员和私有成员   D. 私有成员

3. 设置虚基类的目的是(   )。

A. 简化程序   B. 消除二义性

C. 提高运行效率   D. 减少目标代码

4. 在公有派生情况下,下面不正确的叙述是(   )。

A. 派生类的对象可以赋给基类的对象

B. 派生类的对象可以初始化基类的引用

C. 派生类的对象可以直接访问基类中的成员

D. 派生类的对象的地址可以赋给指向基类的指针

5. 有如下类定义:

```
class MyBASE{
    int k;
public:
    void set(int n) {k=n;}
```

```
    int get( ) const {return k;}
};
class MyDERIVED：protected MyBASE{
protected：
    int j；
public：
    void set(int m,int n){MyBASE::set(m);j=n;}
    int get( ) const{return MyBASE::get( )+j;}
};
```

类 MyDERIVED 中保护成员的个数是(　　)。

A. 4　　　　　　　　B. 3　　　　　　　　C. 2　　　　　　　　D. 1

6. 程序如下：

```
#include<iostream>
using namespace std;
class A {
public：
    A( ) {cout<<"A";}
};
class B {public:B( ) {cout<<"B";} };
class C：public A{
    B b;
public：
    C( ) {cout<<"C";}
};
int main( ) {C obj; return 0;}
```

执行后的输出结果是(　　)。

A. CBA　　　　　　　B. BAC　　　　　　　C. ACB　　　　　　　D. ABC

7. 类 A 定义了公有函数 F1。P 和 Q 为 A 的派生类,定义为 class P：protected A{…}; class Q：public A{…};则可以访问 F1 的是(　　)。

A. A、P、Q 类的对象　　　　　　　B. P、Q 类的对象

C. A、Q 类的对象　　　　　　　D. A 类的对象

8. 有如下类定义：

```
class A{
    int x；
public：
    A(int n) {x=n;}
};
class B：public A{
    int y；
public：
    B(int a,int b);
```

};

则下列 B 的构造函数定义中,正确的是(   )。

A. B::B(int n, int m):x(n),y(m){}

B. B::B(int n, int m):A(n),y(m){}

C. B::B(int n, int m):x(n),B(m){}

D. B::B(int n, int m):A(n),B(m){}

9. 在派生类 Derived 的 fun() 函数中应该填写(   )才能调用基类 Base 的 fun() 函数。

```
class Base{
public:
    void fun(){cout<<"Base:fun"<<endl;}
};
class Derived:public Base{
public:
    void fun(){
        //此处调用基类 Base 的 fun()函数 ;
        cout<<"Derived:fun"<<endl;}
};
```

A. Base. fun();   B. Base::fun();

C. fun();   D. Base->fun()

四、写出程序运行结果

```
1. #include<iostream>
using namespace std;
class B1{
public:
    B1(int i){   cout<<"constructing B1 "<<i<<endl; }
    ~B1( ){   cout<<"destructing B1 "<<endl;   }
};
class B2 {
public:
    B2( ){   cout<<"constructing B2 #"<<endl; }
    ~B2( ){   cout<<"destructing B2"<<endl; }
};
class C:public B2, virtual public B1 {
    int j;
public:
    C(int a,int b,int c):B1(a),memberB1(b) ,j(c){}
private:
    B1 memberB1;
    B2 memberB2;
};
```

```
int main( ){
  C obj(1,2,3);
  return 0;
}
```

2. ```
#include<iostream>
using namespace std;
class B{
public:
    void f1(){cout<<"B::f1"<<endl;}
};
class D:public B{
public:
    void f1(){cout<<"D::f1"<<endl;}
};
void f(B& rb){
    rb.f1();
}
int main( ){
    D d;
    B b,&rb1=b,&rb2=d;
    f(rb1);
    f(rb2);
    return 0;
}
```

3. ```
#include<iostream>
using namespace std;
classA{
public:
    A(int x, int y){ a=x; b=y; }
    void Move (int p, int q ) { a+=p; b+=q; }
    void show( ) { cout<<"("<<a<<","<<b<<")"<<endl; }
private:
    int a,b;
};
classB:public A{
public:
    B(int x, int y, int k, int l):A(x,y) { m=k , n=l; }
    void show( ) { cout<<m<<","<<n<<endl; }
    void fun( ) { Move(3,5); }
    void f1( ) { A::show( ); }
private:
```

```
        int m, n;
};
int main( ){
        A  e(1,2);
        e.show( );
        B  d(3,4,5,6);
        d.fun( );
        d.A::show( );
        d.B::show( );
        d.f1( );    return 0;
}
```

4. #include<iostream>

```
using namespace std;
class Object{
public:
        Object(){cout<<"C  Object\n";}
        ~Object(){cout<<"D  Object\n";}
};
class Bclass1{
public:
        Bclass1(){cout<<"C  Bclass1\n";}
        ~Bclass1(){cout<<"D  Bclass1\n";}
};
class Bclass2{
public:
        Bclass2(){cout<<"C  Bclass2\n";}
        ~Bclass2(){cout<<"D  Bclass2\n";}
};
class Bclass3{
public:
        Bclass3(){cout<<"C  Bclass3\n";}
        ~Bclass3(){cout<<"D  Bclass3\n";}
};
class Dclass: public Bclass1,virtual Bclass3,virtual Bclass2{
        Object object;
public:
        Dclass():object(),Bclass2(),Bclass3(),Bclass1(){cout<<"派生类建立！\n";}
        ~Dclass(){cout<<"派生类析构！\n";}
};
int main(){
        Dclass dd;    return 0;
}
```

第七章 多态性

一、简答题

1.简述多态的概念,多态的类型。

2.什么是静态联编,什么是动态联编,两者的区别是什么?

3.简述运算符重载的规则,重载单目运算符＋＋、－－前置和后置时的差别。

4.什么是虚函数?怎样才能实现运行时的多态性?

5.什么是抽象类?抽象类的作用是什么?

6.在C++中,能否声明虚构造函数?为什么?能否声明虚析构函数?为什么?

二、判断题

1.可以将函数的类型作为重载函数的区分形式。 （ ）

2.重载的运算符不可改变其原来的优先级和结合性。 （ ）

3.可以为抽象类声明对象。 （ ）

4.抽象类的派生类一定是非抽象类。 （ ）

5.可以将析构函数说明成虚函数,但不能将构造函数说明成虚函数。 （ ）

6.通过基类指针或基类引用调用派生类的虚函数才是运行时多态。 （ ）

三、单选题

1.在下列运算符中,不能重载的是( )

A. ! B. sizeof C. new D. delete

2.不能用友员函数重载的是( )。

A. = B. == C. <= D. ++

3.如果表达式＋＋i * k 中"＋＋"和" * "都是重载的友元运算符,则该表达式还可表示为( )。

A. operator * (i. operator＋＋(),k) B. operator * (operator＋＋(i),k)

C. i. operator＋＋(). operator * (k) D. k. operator * (operator＋＋(i))

4.( )不属于运算符重载的规则。

A.重载后操作数个数不变 B.重载后不改变其优先级和结合性

C.重载后基本功能相似 D.可以定义一个新的运算符进行重载

5.在表达式 x＋y * z 中,＋是作为成员函数重载的运算符, * 是作为非成员函数重载的运算符。下列叙述中正确的是( )。

A. operator＋有两个参数,operator * 有两个参数

B. operator＋有两个参数,operator * 有一个参数

C. operator＋有一个参数,operator * 有两个参数

D. operator＋有一个参数,operator * 有一个参数

6.下面对多态的描述正确的是( )

A.多态分静态的(编译时)和动态的(运行时)多态

B.在基类定义虚函数后,在派生类中重新定义该函数时可以不加 virtual

C.必须采用指针或引用来调用虚函数才能真正实现运行时的多态性

D. ABC

7.下列函数中,不能说明为虚函数的是(　　)。

A.私有成员函数　　　　　　　　　　B.公有成员函数

C.构造函数　　　　　　　　　　　　D.析构函数

8.在派生类中,重新定义一个虚函数时,除了要求函数名及函数签名完全一致外,还要求函数的返回类型与基类同名虚函数的类型(　　)。

A.相同　　　　　　B.不同　　　　　　C.相容　　　　　　D.没有要求

9.当一个类的析构函数被说明为 virtual 时,则该类所有派生类的析构函数(　　)。

A.都是虚函数

B.只有被重新说明时才是虚函数

C.只有被重新说明为 virtual 时才是虚函数

D.都不是虚函数

10.以下基类中的成员函数,(　　)表示纯虚函数。

A. virtual void vf(int)　　　　　　　　B. void vf(int)＝0

C. virtual void vf( )－0　　　　　　　 D. virtual void vf(int){ }

11.关于纯虚函数和抽象类的描述中,(　　)是错误的。

A.抽象类的派生类不再含有纯虚函数

B.纯虚函数是一种特殊的虚函数

C.抽象类一定有一个或多个纯虚函数

D.抽象类一般作为基类使用,其纯虚函数的实现由派生类给出

12. B 类是 A 类的公有派生类,A 类和 B 类中都定义了虚函数 func( ),p 是 A 类指针,则 p－＞func( )将(　　)。

A.调用类 A 中的函数 func( )

B.调用类 B 中的函数 func( )

C.根据 p 所指的对象类型而确定调用类 A 中或类 B 中的函数 func( )

D.既调用类 A 中函数,也调用类 B 中的函数

三、写出下列程序运行结果

```
1. # include <iostream>
using namespace std;
class T{
public：
    T(){a=0; b=0;}
    T( int i,int j){a＝i; b ＝j;}
    void get( int &i,int &j){
        i＝a; j＝b;
    }
    T operator ＊ (T obj);
private：
```

```
        int a,b;
};
T T::operator * (T obj){
    T tempobj;
    tempobj.a=a * obj.a;
    tempobj.b=b * obj.b;
    return tempobj;
}
int main(){
    T obj1( 1,2),obj2( 5,5),obj3;
    int a,b;
    obj3=obj1 * obj2;
    obj3.get( a, b);
    cout<<"(obj1 * obj2):\t"<<"a="<<a<<'\t'<<"b="<<b<<endl;
    (obj2 * obj3 ).get( a, b);
    cout<<"(obj2 * obj3):\t"<<"a="<<a<<'\t'<<"b="<<b <<endl;
    return 0;
}
```

2.
```
#include<iostream>
using namespace std;
class R{
public:
    R(int a=0,int b=1){
        r1=a;r2=b;
    }
    operator int();
private:
    int r1,r2;
};
R::operator int()
{
    return r1;
}
int main( )
{
    Rm(8,6);
    cout<<int(m)%5<<endl;
    return 0;
}
```

3.
```
#include <iostream>
using namespace std;
```

```cpp
class One{
public:
    One(){cout<<"constructing One"<<endl;}
    virtual ~One(){cout<<"destructing One"<<endl;}
    virtual void f(){cout<<"f One"<<endl;}
};
class Two:public One{
public:
    Two(){cout<<"constructing Two"<<endl;}
    ~Two(){cout<<"destructing Two"<<endl;}
    void f(){cout<<"f Two"<<endl;}
};
int main(){
    One * pOne = new Two;
    pOne->f();
    delete pOne;
    return 0;
}
```

4. #include<iostream>
```cpp
using namespace std;
classA{
public:
    virtual ~A( ){
    cout<<"A::~A( ) called"<<endl; }
};
classB:public A{
    char * buf;
public:
    B(int i) { buf=new char[i]; }
    virtual ~B( ){
        delete []buf;
        cout<<"B::~B( ) called"<<endl;
    }
};
void fun(A * a) {
    delete a;
}
int main( )
{
    A * a=new B(10);
    fun(a);
    return 0;
}
```

第八章 模 板

一、简答题

1.什么是参数化程序设计,C++通过什么技术实现参数化程序设计?

2.简述函数模板生成函数的过程。

3.简述类模板生成对象的过程。

4.简述函数模板与模板函数、类模板与模板类的区别。

二、判断题

1.模板技术的使用提高了程序代码的可靠性。 (　　)

2.函数模板的使用需要实例化成模板函数。 (　　)

3.类模板和函数模板一样,需要经过一次实例化后成为可以使用的对象。 (　　)

三、单选题

1.关于函数模板,描述错误的是(　　)。

A.函数模板必须由程序员实例化为可执行的函数模板

B.函数模板的实例化由编译器实现

C.一个类定义中,只要有一个函数模板,则这个类是类模板

D.类模板的成员函数都是函数模板,类模板实例化后,成员函数也随之实例化

2.下列的模板说明中,正确的是(　　)。

A. template＜typename T1,T2＞

B. template＜class T1,T2＞

C. template＜class T1,class T2＞

D. template＜typename T,typename T＞

3.有如下函数模板定义,则对 func 函数错误的调用是(　　)。

template ＜typename T＞T func(T x,T y){return x＋y;}

A. func(2.3,4.5)　　　　　　　　　B.func(2.3,5)

C. func(int(2.3),5)　　　　　　　　D.func＜int＞(2.3,4.5)

4.下列有关模板的描述错误是(　　)。

A.模板把数据类型作为一个设计参数,称为参数化程序设计

B.使用时,模板参数与函数参数相同,是按位置而不是名称对应的

C.模板参数表中可以有类型参数和非类型参数

D.类模板与模板类是同一个概念

5.类模板的使用实际上是将类模板实例化成一个(　　)。

A.函数　　　　　　B.对象　　　　　　C.类　　　　　　D.抽象类

6.类模板的模板参数(　　)。

A.作为数据成员的类型　　　　　　B.作为成员函数的返回类型

C.作为成员函数的参数类型　　　　D. ABC

7. 类模板的实例化（   ）。

A. 在编译时进行   B. 在运行时进行

C. 在连接时进行   D. 随机进行

四、写出程序运行结果

1.
```cpp
#include <iostream>
#include <string>
using namespace std;
template<typename T>T add(T a,T b){
    T c;
    c=a+b;
    return c;
}
int main(){
    int a=8,b=-3;
    double d=-23.46,e=4.0;
    string c1("C++"),c2("program");
    cout<< add(a,b)<<endl;
    cout<< add(d,e)<<endl;
    cout<< add(c1,c2)<<endl;
    return 0;
}
```

2.
```cpp
#include <iostream>
using namespace std;
using namespace std;
template<typename T,int n>class Array{
public:
    Array();
    ~Array();
    T& GetElement(int index)const;
    void SetElement(int index,const T& value);
    void Sort();
protected:
    int size;
    T * pa;
};
template<typename T,int n>Array<T,n>::Array(){
    if(n>1) size=n;
    else size=1;
    pa=new T[size];
}
template<typename T,int n>Array<T,n>::~Array(){
```

```cpp
        delete [] pa;
}
template<typename T,int n>T& Array<T,n>::GetElement(int index)const{
        return pa[index];
}
template<typename T,int n>void Array<T,n>::SetElement(int index,const T& value){
        pa[index]=value;
}
template<typename T,int n>void Array<T,n>::Sort(){
    T temp;
    int i,j,flag;
    for(i=0;i<size-1;i++){
        flag=1;
        for(j=0;j<size-1-i;j++)
            if(pa[j]<pa[j+1]){
                flag=0;
                temp=pa[j];pa[j]=pa[j+1];pa[j+1]=temp;
            }
        if(flag) break;
    }
}
int main(){
    int a[5]={3,0,-9,4,12};
    double b[8]={3.4,11,-5,7.2,9,-12.5,13,0};
    Array<int,5> intAry;
    Array<double,8> douAry;
    int i;
    for(i=0;i<5;i++)
        intAry.SetElement(i,a[i]);
    for(i=0;i<8;i++)
        douAry.SetElement(i,b[i]);
    intAry.Sort();
    douAry.Sort();
    for(i=0;i<5;i++)
        cout<<intAry.GetElement(i)<<"\t";
    cout<<endl;
    for(i=0;i<8;i++)
        cout<<douAry.GetElement(i)<<"\t";
    cout<<endl;
    return 0;
}
```

第九章 流类库与输入输出

一、简答题

1. 简述C++中流的概念,C++中流类库的体系结构。

2. 流状态字 state 的作用是什么？简述其中每一位的作用。

3. 简述文件操作的 4 个步骤。

4. 简述文本文件和二进制文件在存储格式、读写方式等方面的不同,各自的优点和缺点。

5. 文件的随机访问为什么总是用二进制文件,而不用文本文件？

6. 怎样使用 ifstream 和 ofstream 的成员函数来实现随机访问文件？

二、判断题

1. C++中的输入/出操作都是通过流类对象进行的。 （　　）

2. 二进制数据文件既可以顺序,也可以随机读写。 （　　）

3. iostream 类是由 istream 类和 ostream 类共同派生的。 （　　）

三、单选题

1. 要进行文件的输出,除了包含头文件 iostream 外,还要包含头文件(　　)。

A. ifstream   B. fstream   C. ostream   D. cstdio

2. 使用格式控制操作符 setw()要包含(　　)头文件。

A. iomanip   B. iostream   C. string   D. fstream

3. 执行以下程序：

```
char * str；
cin>>str；
cout<<str；
```

若输入 abcd　1234↙则输出(　　)。

A. abcd   B. abcd 1234

C. 1234   D. 程序运行出错

4. 执行下列程序：

```
char a[200]；
cin. getline(a,200,' ')；
cout<<a；
```

若输入 abcd　1234↙则输出(　　)。

A. abcd   B. abcd 1234

C. 1234   D. 输出乱码或出错

5. 以下程序执行结果为(　　)。

```
cout. fill('#')；
cout. width(10)；
cout<<setiosflags(ios::left)<<123.456；
```

A. 123.456####　　　　　　　　　B. 123.4560000

C. ♯♯♯♯123.456　　　　　　　　　　D. 123.456♯♯♯

6. 使用 ifstream 定义一个文件流,并将一个打开文件的文件与之连接,文件默认的打开方式为( )。

　　A. ios∷in　　　　　B. ios∷out　　　　C. ios∷in| ios∷out　D. ios∷binary

7. 读文件最后一个字节(字符)的语句为( )。

　　A. myfile. seekg(1,ios∷end);　　　　　B. myfile. seekg(−1,ios∷end);
　　　c=myfile. get();　　　　　　　　　　c=myfile. get();

　　C. myfile. seekp(ios∷end,0);　　　　　D. myfileseekp(ios∷end,1);
　　　c=myfile. get();　　　　　　　　　　c=myfile. get();

8. read 函数的功能是从输入流中读取( )。

　　A. 一个字符　　　　　　　　　　　B. 当前字符

　　C. 一行字符　　　　　　　　　　　D. 指定若干字节

8. 要求打开文件 D:\file. dat,并能够写入数据,正确的语句是( )。

　　A. ifstream infile("D:\\file. dat", ios∷in);

　　B. ifstream infile("D:\\file. dat", ios∷out);

　　C. ofstream outfile("D\\file. dat", ios∷in);

　　D. ofstream infile("D\\file. dat", ios∷out);

9. 执行 ofstream file("data. txt")语句后,文件流对象 file 默认的打开方式是( )。

　　A. ios∷in　　　　　B. ios∷out　　　　C. ios∷app　　　　D. ios∷binary

10. 设已定义 double 类型变量 data,以二进制方式把 data 的值写入输出文件流对象 outfile 中去,正确的语句是( )。

　　A. outfile. write((double *)&data, sizeof (double));

　　B. outfile. write((double *)&data, data);

　　C. outfile. write((char *)&data, sizeof (double));

　　D. outfile. write((char *)&data, data);

四、写出程序运行结果

1. 以下程序运行后 ASCII. TXT 文件的内容是什么?

```
#include <iostream>
#include <fstream>
using namespace std;
int main(){
    char i;
    ofstream of("E:\\ASCII. TXT");
    for(i=0;i<26;){
        of<<char(i+65);
        if(++i%10==0)of<<endl;
    }
    of<<endl;
    of. close();
```

```
    return 0;
}
```

2. 以下程序若运行输入 AB123CDE45F6↙Ctrl+Z,程序显示结果是什么?

```cpp
#include<iostream>
using namespace std;
int getnum(char * s){
    * s='\0';
    char ch;
    while(cin.get(ch)&&! cin.eof()&&! isdigit(ch));
    do{
        * s++=ch;
    }while(cin.get(ch)&&! cin.eof()&&isdigit(ch));
    * s='\0';
    if(! cin.eof())cin.putback(ch);
    if(! cin||cin.eof())return 0;
    return 1;
}
int main(){
    char buf[100];
    while(getnum(buf)){
        cout<<buf<<endl;
    }
    return 0;
}
```

3.
```cpp
#include<iostream>
#include<fstream>
using namespace std;
int main(){
    int f1=0,f2=1;
    int i;
    ofstream of("F.dat",ios::out|ios::binary);
    for(i=0;i<10;i++){
        of.write((char * )&f2,sizeof(int));
        f2=f1+f2;
        f1=f2-f1;
    }
    of.close();
    ifstream rf("F.dat",ios::in|ios::binary);
    rf.read((char * )&f1,sizeof(int));
    while(! rf.eof()){
        cout<<f1<<"\t";
```

```
        rf. read((char * )&f1,sizeof(int));
    }
    rf. close();
    return 0;
}
```

第十章 异常处理

一、简答题

1. C++中的异常处理机制意义、作用是什么？

2. 简述C++中异常处理的过程。

3. 什么叫抛出异常，catch 可以获取什么异常参数，是根据异常参数的类型还是根据参数的值处理异常？

二、判断题

1. 异常处理的基本思想是将异常监测和异常处理分离。 ( )

2. 在 try 块中抛出异常后，程序控制回到 try 块继续运行。 ( )

3. catch(…)语句可以处理所有类型的异常。 ( )

三、单选题

1. C++中采用了异常处理机制，提高了程序的( )。

A. 健壮性   B. 正确性   C. 可重用性   D. 可读性

2. 下列叙述错误的是( )。

A. throw 语句可以在 try 块或 try 块的被调函数中出现多次

B. throw 语句必须在 try 语句块中直接运行或通过调用函数运行

C. 一个程序中可以有 try 语句而没有 throw 语句

D. throw 语句抛出的异常可以不被捕获

3. 关于函数声明 float fun(int a,int b)throw()，下列叙述正确的是( )。

A. 表明函数抛出 float 类型异常

B. 表明函数抛出任何类型异常

C. 表明函数不抛出任何类型异常

D. 表明函数实际抛出的异常

4. 下列叙述错误的是( )。

A. catch(…)语句可捕获所有类型的异常

B. 一个 try 语句可以有多个 catch 语句

C. catch(…)语句可以放在 catch 语句组的中间

D. 程序中 try 语句与 catch 语句是一个整体，缺一不可

5. 下列程序运行结果为( )。

```
#include<iostream>
using namespace std;
class S{
```

```
public：
    ~S( ){cout<<"S"<<"\t";}
};
char fun0() {
    S s1；
    throw('T')；
    return  '0'；
}
int main(){
    try{
        cout<<fun0()<<"\t";}
    catch(char c)  {
        cout<<c<<"\t";}
    return 0；
}
```

A. S T   B. O S T   C. O T   D. T

三、写出程序运行结果

1. #include <iostream>

```
using namespace std；
int a[10]={1,2, 3, 4, 5, 6, 7, 8, 9, 10}；
int fun( int i)；
int main()
{
    int i ,s=0；
    for( i=0;i<=10;i++)
    {   try
        { s=s+fun(i);}
        catch(int)
        {cout<<"数组下标越界!"<<endl;}
    }
    cout<<"s="<<s<<endl；
    return 0；
}
int fun( int i)
{   if(i>=10)
        throw i；
    return a[i]；
}
```

2. #include <iostream>

```
using namespace std；
void f()；
```

```cpp
class T{
public：
    T( )
    {   cout<<"constructor"<<endl；
        try
        {throw  1；}
        catch( int )
        {cout<<"exception1"<<endl；}
        throw  2；     //A
    }
    ~T( ) {cout<<"destructor"<<endl；}
};
int main( )
{   cout<<"main function"<< endl；
    try{ f( )；}
    catch( int )
    { cout<<"exception2"<<endl；}
    cout<<"main function"<<endl；
    return 0；
}
void f( )
{   T t；  }
```

（1）程序运行结果是什么？

（2）程序中 A 行去掉，运行结果是什么？

参考文献

［1］Stanley B. Lippman,Josee Lajoie,Barbara E. Moo. C++ Primer 中文版［M］. 5 版. 王刚,杨巨峰,译. 北京:电子工业出版社,2013.

［2］吴乃陵,况迎辉. C++程序设计实践教程［M］. 2 版. 北京:高等教育出版社,2006.

［3］刘卫国,杨长兴. C++程序设计实践教程［M］. 2 版. 北京:中国水利水电出版社,2012.

［4］郑莉. C++语言程序设计习题与实验指导［M］. 北京:清华大学出版社.2000.

附　录

附录一　　实验指导

一、实验过程

C++程序设计课程是一门应用性和实践性较强的课程,上机实验是一个重要的实践环节。一方面,实验着眼于原理与应用的结合,学生应学会如何把书上学到的知识运用于解决实际问题,培养从事软件开发设计工作所必需的基本技能;另一方面,能使书上的知识变"活",起到深化理解和灵活掌握教学内容的目的。实验是软件设计的综合训练,包括问题分析、总体结构设计、用户界面设计、程序设计基本技能和技巧,以至一整套软件工程规范的训练和科学作风的培养。根据以往的教学经验发现大多数学生重视实验环节,对于编写程序上机练习有一定的积极性,但是容易忽略实验的总结,忽略实验报告的撰写。对于一名大学生必须严格训练分析总结能力、书面表达能力。需要逐步培养书写科学实验报告以及科技论文的能力。对于一个问题,不要急于编程,首先理解问题,明确给定的条件和需要解决的问题,然后采用面向过程程序设计的自顶向下、逐步求精、分而治之的策略,逐一地解决子问题,或者是采用面向对象的程序设计方法解决问题。具体实验过程如下:

1.问题分析和任务定义

上机实验是针对一个具体的实际问题,进行程序设计以便解决问题。首先需要充分地分析和理解问题本身,弄清要求做什么(而不是怎么做)、限制条件是什么。对问题的描述应避开算法和所涉及的数据类型,而是对所需完成的任务做出明确的回答。例如:输入数据的值的范围以及输入的形式、输出数据的值的范围及输出的形式。若是会话式的输入,则结束标志是什么、是否接受非法的输入、对非法输入的回答方式是什么等等。

2.系统设计

在这一步骤中需对问题描述中涉及的操作对象定义相应的数据类型,划分模块,设计类,写出各模块的算法。在这个过程中,要综合考虑系统功能,使得系统结构清晰、合理、简单和易于调试,尽可能做到数据封装,基本操作的规格说明尽可能明确具体。

3.编码实现

编码是把系统设计的结果进一步求精为程序设计语言程序。如何编写程序才能较快地完成调试是特别要注意的问题。要控制 if 语句连续嵌套的深度,分支过多时应考虑使用 switch 语句。对函数功能和重要变量进行注释。一定要按格式书写程序,分清每条语句的层次,对齐括号,这样便于发现语法错误。

在上机实验之前,除了完成程序编码,还需要对代码进行检查。初学者往往容易有以下两种误区:一种是对自己的"精心作品"的正确性确信不疑;另一种是认为上机前的任务已经完成,纠查错误是上机的工作。对程序设计初学者而言,编写的程序通常会含有语法错误或逻辑错误。所以程序编写完之后,检查代码是否有语法错误,以及用一些测试数据手工执行程序,按程序运行顺序检查代码是否有逻辑错误是很有必要的,这样也能提高上机调试的效率。

4. 上机准备和上机调试

上机准备包括以下几个方面:

(1)熟悉开发环境和开发语言,预习程序设计指导书和相关语言用户手册。

(2)掌握调试工具,考虑调试方案,设计测试数据,得出预期结果。

在调试过程中可以不断借助开发环境提供的各种 DEBUG 的功能,提高调试效率。调试中遇到的各种异常现象往往是没预料到的,应借助系统提供的调试工具确定错误原因和位置。调试正确后,认真整理源程序及其注释,编辑存档带有完整注释的且格式良好的源程序清单和结果。

5. 整理实验报告

在上机实验开始之前要针对实验题目精心准备实验数据。对于逻辑结构复杂、分支较多的程序,更要准备具有针对性的实验数据。一两个(组)数据在程序测试中得到预期结果不一定代表程序没有问题。在上机实践过程中要及时记录实验结果,实验完成之后必须及时整理实验结果,总结分析,写出实验报告。

二、实验报告撰写示例一

实验名称	分支结构程序设计	实验日期	2019-4-2	实验地点	60-105

实验目的

　　1.理解分支结构控制语句的用途,正确书写分支结构控制语句。

　　2.掌握 if 语句的语法格式,熟练并正确运用。

实验要求:

　　1.预习教材和实验指导书,理解实验题目及要求。

　　2.按照实验步骤,完成实验各项任务,程序设计、程序测试用例设计。

　　3.撰写实验报告。

实验题:

　　编程求一元二次方程 $ax^2+bx+c=0$ 的根。

实验步骤

　　1.问题分析和任务定义:若输入 $a=0$,给出提示后退出程序;$\triangle=b^2-4ac$ 若 $\triangle>0$,输出两个不等实根;若 $\triangle=0$,输出两个相等实根;若 $\triangle<0$,输出两个复数根。

　　2.数据类型设计:a、b、c 三个系数和 x1、x2 设计为 double。

　　3.算法设计,画出流程图。

　　4.编码,设计测试用例,保证各组测试数据能涵盖程序所有分支。

　　5.上机运行、调试程序。

　　6.撰写实验报告。

程序设计:

程序流程图:

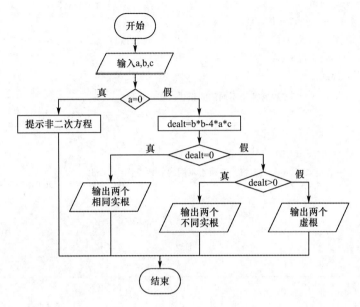

使用 if-else 语句完成程序设计。

```cpp
#include<iostream>
#include<cmath>
#include<cstdlib>
using namespace std;
int main( ){
    double a,b,c;
    double delta,x1,x2;
    int sign;
    cout<<"一元二次方程 a*x*x+b*x+c=0"<<endl;
    cout<<"输入 3 个系数 a(a!=0),b,c"<<endl;
    cin>>a>>b>>c;
    cout<<"a="<<a<<'\t'<<"b="<<b<<'\t'<<"c="<<c<<endl;
    if(a==0){
        cout<<"二次项系数为 0,不是一元二次方程"<<endl;
        exit(0);
    }
    delta=b*b-4*a*c;
    if(delta==0){
        cout<<"方程有两个相同的实根:"<<endl;
        cout<<"x1=x2 ="<<-b/(2*a)<<endl;
    }
```

```
        else{
            if(delta>0)   sign= 1;
            else   sign=0;
            delta=sqrt(fabs(delta));
            x1=-b/(2*a);
            x2=delta/(2*a);
            if(sign){
                cout<<"方程有两个不同的实根:"<<endl;
                cout<<"x1="<<x1+x2<<'\t'<<"x2="<<x1-x2<<endl;
            }
            else{   //delta<0
                cout<<"方程无实根!有两个不同的复数根:"<<endl;
                cout<<"x1="<<x1<<"+"<<x2<<"i"<<'\t'<<"x2="<<x1<<"-"<<x2<<"i"
                << endl;
            }
        }
        return 0;
    }
```

实验结果:

测试用例:

第一组测试数据:

0   4   7

程序的运行结果:

二次项系数为0,不是一元二次方程

第二组测试数据:

2   1   -6

程序的运行结果:

方程有两个不同的实根:x1=1.5   x2=-2

第三组测试数据:

3   3   7

程序的运行结果:

方程无实根!有两个不同的复数根:x1=-0.5+1.44338i   x2=-0.5-1.44338i

第四组测试数据:

4   12   9

程序的运行结果:

方程有两个相同的实根:x1=x2=-1.5

实验中出现的问题:

必须注意各个if-else之间的配套关系。注意{}的使用。在实验过程中曾经漏输入{},结果输入测试数据后,得不到预期结果。

实验体会

(略)

三、实验报告撰写示例二

实验名称	时间类的定义与应用	实验日期	2019-5-9	实验地点	60—105

实验目的：

　　1.掌握类、类的数据成员、类的成员函数的定义方式。

　　2.理解类成员的访问控制方式。

　　3.掌握对象的定义和操作对象的方法。

　　4.理解构造函数和析构函数的定义与执行过程。

　　5.掌握重载构造函数的方法。

实验要求：

　　1.预习教材和实验指导书。

　　2.完成程序设计、程序测试用例设计。

　　3.撰写实验报告。

实验题：

　　1.声明一个时间类，时间类中有 3 个私有数据成员（Hour，Minute，Second）和两个公有成员函数（SetTime 和 PrintTime）。SetTime 根据传递的 3 个参数为对象设置时间 PrintTime 负责将对象表示的时间显示输出。在主函数中建立一个时间类的对象，设置时间为 9 点 20 分 30 秒并显示该时间。

　　2.定义构造函数，并在主函数中使用构造函数设置时间为 10 点 40 分 50 秒，并显示该时间。

　　3.重载时间类的构造函数(不带参数)使小时、分、秒均为 0。

　　4.在时间类的析构函数中输出"Good bye!"。

　　5.定义复制构造函数并调用。

实验步骤

　　1.问题分析和任务定义：建立具有实验要求的时间类，并在主函数中加以应用。

　　2.类设计：设计 Time 类，应具有保存时分秒，显示时分秒，同类对象复制功能。

　　3.为了体现多文件结构，将整个程序设计在一个头文件，两个源程序文件中。

　　4.编码，设计测试用例。

　　5.上机运行、调试程序。

　　6.撰写实验报告。

程序设计：

　　建立一个 Time.h 头文件声明一个时间类

```
#include <iostream>
using namespace std;
class Time{
public:
    Time(int h,int m,int s);    //带参数构造函数
    Time();              //不带参数构造函数
    Time(Time &t);         //复制构造函数
    ~Time();             //析构函数
    void SetTime(int h,int m,int s);
```

```
            void Print_time();
private：
            int Hour,Minute,Second；
}//少分号
```

建立 Time.cpp 源程序文件定义时间类相关函数。

```
#include <iostream>
#include "time.h"
using namespace std；
Time::Time(int h,int m,int s){
    Hour=h;        Minute=m;        Second=s;   //或 SetTime(h,m,s);
}
Time(Time &t) {//少类名
    Hour=t.Hour;        Minute=t.Minute;        Second=t.Second;
}
Time::Time(){
    Hour=0;        Minute=0;        Second=0;
}
Time::~Time(){
    cout<<"Good bye"<<endl;
}
void Time::SetTime(int h,int m,int s){
    Hour=h;        Minute=m;        Second=s;
}
void Time::PrintTime(){
    cout<<Hour<<":"<<Minute<<":"<<Second<<endl;
}
```

建立源程序文件 ex.cpp,编写主函数。

```
#include <iostream>
#include "time.h"
using namespace std；
int main(){
    Timet1;          //调用无参的默认构造函数创建 t1 对象
    t1.PrintTime();
    t1.SetTime(9,20,30);
    t1.PrintTime();
    Time t2(10,40);//少一个参数
    t2.PrintTime();
    Time t3(t1);     //调用复制构造函数创建 t3 对象
    t3.PrintTime();
    return 0;
}
```

程序调试

　　编译程序,出现错误提示:

　　略。

　　根据提示,对错误进行分析,找出错误所在,修改源程序后,重新编译后再次运行程序。

实验结果:

　　程序运行显示:

　　0:0:0

　　9:20:30

　　10:40:50

　　9:20:30

　　Good bye

　　Good bye

　　Good bye

实验中的问题:

　　定义对象时初始化注意要和构造函数参数相符。

实验体会

　　(略)

附录二　　自我测试答案

第一章　　C++基础

一、简答题

略

二、单选题

1.D　2.A　3.C　4.C　5.A　6.B　7.D　8.D　9.D　10.B　11.A　12.C
13.C　14.B　15.A

三、根据要求写出正确的C++表达式

1.写出下列算术表达式

(1)1/(1+1/(1+1/(x+y)))

(2)x*(x*(x*(a*x+b)+c)+d)+e

(3)log(1+pow(fabs((a+b)/(a−b)),10))

(4)sqrt(1+3.14159/2*cos(3.14159/4))

2.用关系表达式或逻辑表达式表示下列条件

(1)i%j==0

(2)n>i && n<j && n%k==0

(3)a!=b && b!=c && c!=a

(4)y>100 || y<−100 || (y>−10&&y<10)或!(y>=−100 && y<=−10) && !(y>=10 && y<=100)

(5)(x−10)*(x−10)+(y−20)*(y−20)<1225

(6)(a+b>c)&&(a+c>b)&&(b+c>a)

四、写出程序运行结果

1. x＝1 y＝1 z＝1 f＝1

2. 两次运行结果都是 a＝3,f＝1.8,ch1＝c,ch2＝d

第二章   程序控制结构

一、简答题

略

二、单选题

1. D   2. A   3. B   4. D   5. B   6. A   7. C   8. A

三、写出程序运行结果

1. 20

2. a＝0 b＝1

   a＝1 b＝2

3. 4   7   10

4. (1)x＝16

   (2)x＝12

第三章   函数

一、简答题

略

二、单选题

1. A   2. D   3. A   4. C   5. B   6. B   7. C   8. A

三、写出程序运行结果

1. 3

   4

   5

2. 10   15   20   30

   10   11   12   4

   12   12   3   4

3. 15

4. age:18

5. 12345

   54321

第四章   数组、指针与字符串

一、简答题

略

二、单选题

1. A   2. C   3. D   4. B   5. C   6. D   7. C   8. D   9. C   10. B   11. A   12. C

13. D   14. D   15. C   16. D

三、写出程序运行结果

1. 22

2. 3

3.
```
              1
            1   1
          1   2   1
        1   3   3   1
      1   4   6   4   1
```

4. EFGH
   IJKL

5. 30047896

6.
```
1   2   3   4   5   6
1   1   2   3   4   5
1   2   1   2   3   4
1   3   3   1   2   3
1   4   6   4   1   2
1   5   10  10  5   1
```

第五章 类与对象

一、简答题

略

二、判断题

(1)对 (2)对 (3)错 (4)对 (5)错 (6)错 (7)对

三、单选题

1. B 2. B 3. B 4. B 5. C 6. C 7. A 8. D 9. A 10. D 11. B 12. C
13. D 14. C 15. C

四、写出程序运行结果

1. 5 4 3 10 1 0

2. n=0

3. 7,8 1,1 2,2 5,3 4,4

4. 5,7

5. 2 构造
   3 构造
   4 构造
   5 构造
   6 构造
   6 析构
   4 析构
   2 析构
   5 析构
   3 析构

6. constructing A1 2

　　constructing A2

　　constructing B

　　destructing B

　　destructing A2

　　destructing A1

7. Result1＝200

　　Result2＝201

　　Result3＝125

第六章　继承与派生

一、简答题

略

二、判断题

(1)错　(2)错　(3)错　(4)对　(5)对　(6)对

三、单选题

1.D　2.B　3.B　4.C　5.B　6.D　7.C　8.B　9.D

三、写出程序运行结果

1. constructing B1 1

　　constructing B2 ♯

　　constructing B1 2

　　constructing B2 ♯

　　destructing B2

　　destructing B1

　　destructing B2

　　destructing B1

2. B∷f1

　　B∷f1

3. (1,2)

　　(6,9)

　　5,6

　　(6,9)

4. C　Bclass3

　　C　Bclass2

　　C　Bclass1

　　C　Object

　　派生类建立!

　　派生类析构!

　　D　Object

　　D　Bclass1
　　D　Bclass2
　　D　Bclass3

第七章　多态性

一、简答题
略
二、判断题
(1)错　(2)对　(3)错　(4)错　(5)对　(6)对
三、单选题
1.B　2.A　3.B　4.D　5.C　6.D　7.C　8.A　9.A　10.C　11.A　12.C
四、写出程序运行结果
1.（obj1 * obj2）：a＝5　b＝10
　（obj2 * obj3）：a＝25　b＝50
2.3
3.constructing One
　constructing Two
　f Two
　destructing Two
　destructing One
4.A::～A( ) called
　B::～B( ) called
　A::～A( ) called

第八章　模板

一、简答题
略
二、判断题
(1)错　(2)对　(3)错
三、单选题
1.A　2.C　3.B　4.B　5.C　6.D　7.A
四、写出程序运行结果
1.－5
　－19.46
　C++
　program
2.12　4　3　0　　－9
　13　11　9　7.2　3.4　0　－5　－12.5

第九章 流类库与输入/输出

一、简答题
略
二、判断题
(1)对 (2)对 (3)对
三、单选题
1. B 2. A 3. D 4. A 5. D 6. A 7. B 8. D 9. B 10. C
四、写出程序运行结果
1. ASCII. TXT 文件的内容为：
ABCDEFGHIJ
KLMNOPQRST
UVWXYZ
2. 123
    45
    6
3. 1   1   2   3   5   8   13   21   34   55

第十章 异常处理

一、简答题
略
二、判断题
(1)对 (2)错 (3)对
三、单选题
1. A 2. C 3. C 4. C 5. A
三、写出程序运行结果
1. 数组下标越界!
    S＝55
2.
(1)main function
    constructor
    exception1
    exception2
    main function
(2)main function
    constructor
    exception1
    destructor
    main function